户外服饰设计与产品开发

高亦文　高　磊　编著

东华大学出版社·上海

服装工程专业精品图书

纺织服装高等教育「十二五」部委级规划教材

图书在版编目（CIP）数据

户外服饰设计与产品开发 ／ 高亦文，高磊编著.
—上海：东华大学出版社，2015. 3
ISBN 978－7－5669－0702－8

Ⅰ.①户…　Ⅱ.①高…②高…　Ⅲ.①运动服—设计
Ⅳ.①TS941. 734

中国版本图书馆 CIP 数据核字(2015)第 007086 号

责任编辑：徐建红　冀宏丽
封面设计：Callen

户外服饰设计与产品开发

HUWAI FUSHI SHEJI YU CHANPIN KAIFA

高亦文　高　磊　编著

出　　　　版：东华大学出版社(地址:上海市延安西路 1882 号)
邮 政 编 码：200051　电话：(021)62193056
出版社网址：http://www. dhupress. net
天猫旗舰店：http://dhdx. tmall. com
发　　　　行：新华书店上海发行所
印　　　　刷：江苏句容市排印厂
开　　　　本：787 mm×1092 mm　1/16
印　　　　张：11
字　　　　数：300 千字
版　　　　次：2015 年 3 月第 1 版
印　　　　次：2015 年 3 月第 1 次印刷
书　　　　号：ISBN 978－7－5669－0702－8/TS·575
定　　　　价：35. 00 元

　　20世纪90年代之前，国内尚没有专业的户外用品生产企业，户外运动者多半使用国外的户外用品，更没有户外产品开发这一职业。在众多消费者认知度内，户外运动以及户外用品是没有概念的，甚至连专业登山运动员也没有清晰地认识到这一产业的萌发。这一状态在21世纪被完全打破，国内涌现了众多的户外用品生产加工工厂与户外产品品牌公司，大家都看好这一新兴的行业。然而和欣欣向荣的户外装备市场相比，户外服装技术图书市场却是一片空白。

　　本书作者凭借十几年的教学经验和十年的户外服饰用品从业经验，把对户外服饰用品的认识理解整理总结，转化为文字，希望对这个领域有兴趣的人能够从中有所获益。

　　本书主要从一名专业户外服装产品开发者的角度阐述了户外服饰的概念与分类、国内外户外市场的现状、户外服饰的面料开发、结构与工艺设计、造型色彩设计重点及整体的户外服饰产品开发流程。本书第一章介绍了户外服饰的概念和分类，因为户外运动是专业性比较强的行业，理清分类才可以有针对性地进行产品开发；第二章主要介绍了国内外的户外产品市场现状，因为只有对市场的熟知，才能做好产品开发；第三章主要以面料开发为主，户外服装可以说是服装行业的高科技产品，这种高科技性主要体现在新材料、新技术上，所以这也是本书的重点；第四章介绍以登山装为主的户外服饰的结构工艺，由于特殊的功能需要，户外服饰在结构工艺上往往比普通服装更为繁琐与严谨，这也是考量其专业性的重要方面；第五章从造型色彩角度探讨户外装的设计，户外装的设计以功能性为主，亦不可抛弃时尚性，在功能性的细节上又按照运动项目分类逐一进行细节设计分析；第六章讲述品牌户外服饰产品的开发流程。

　　希望这本实战性较强的书能使读者对户外服装有一个较全面的认识。

　　本书适合想进入这个行业进行产品开发、产品营销推广、产品企划管理的人士阅读，另外，本书亦可以作为户外活动参与者对户外服饰装备了解的工具书，以便于在选择户外服饰装备之前做到心中有数。如果读者在阅读本书中感到有不理解的问题可以参考相关的基础教材进行辅助学习，也可以结合市场的产品细细去体会书中的技术知识。如果读者想了解更多户外知识，也可以关注并分享微信公众号"功能性户外服饰研发中心"或添加朋友"gnxhwfs"。

在此感谢资深户外面料研发专家、常州尼高纺织品有限公司余国海对本书面料章节的大量贡献，同时也感谢我的丈夫丁耿子和同事张静的支持。

高亦文

目 录

第一章
户外服饰的概念与分类

第一节　户外服饰的概念

户外运动的英文是"outdoor recreation"，美国户外运动资源评估委员会在其 1962 年的报告中将户外运动定义为"在户外进行的游憩活动"。一般泛指走出家门，就叫户外，户外活动也就是走出家门的活动。狭义的户外，包括户外登山、露营、穿越、攀岩、蹦极、漂流、冲浪、滑翔、攀冰、定向、远足、滑雪、潜水、滑草、高山速降、自行车、越野山地车、热气球、拓展、飞行滑索等。

但目前，人们对"户外"的定义较狭窄，通常认为户外运动就是"挑战生命，挑战自然，探索险境"。这个观点是不合适的，实际上户外更应该解释为"与我们城市相对立的一种生活形态，而不是仅仅是一个探险和挑战"。户外运动的终极目的是放松、驱散疲劳、释放压力。户外特别是野外，环境复杂多变，户外服饰起到保护身体的作用，特别是在登山、攀岩等户外运动时，应该做到分层着装，所谓的分层着装是指在户外运动中穿着不同材质或层次的衣服，以适应野外各种天气变化对人体所带来的影响。各种可能对人体造成影响的户外环境及衣物对策见表 1-1。

表 1-1　各种可能对人体造成影响的户外环境及衣物对策

	户外环境	衣物对策
1	烈日及高山上的强烈紫外线	防晒、遮阳、抗 UV 的排汗层（内衣）或活动层（新的品类）
2	高山狂风	足够挡风的防风防水层（外衣）或保暖层
3	狂风暴雨	完全防水、挡风、透气的防风防水层（外衣）
4	毛毛雨或山间的微风霾雨	防泼水、稍抗风、透气的防风防水层（外衣）或活动层（新的品类）
5	摄氏零度以下的天寒地冻	足够暖的保暖层
6	芒草、箭竹、碎石等山间小路	耐磨、防泼水、防污的活动层（新的品类）
7	夏季闷湿炎热的山间	透气、排汗、凉爽、速干的排汗层（内衣）
8	蚊虫很多的户外	各级防蚊虫处理的面料及服装

第二节　户外服饰的分类

户外服装如果按照穿着层次来分类的话可以分为传统式分层即排汗层（内衣）、保暖层、防水防风层（外衣）三种，如果按照运动项目来分类的话可分为登山装、攀岩服、滑雪服、骑行服、徒步服、自行车服、机车服、越野跑服、钓鱼服、水上运动服装等，下面分别来介绍。

一、按照穿着层次分类

　　户外服装按照穿着层次，主要可以分为传统的排汗层（内衣）、保暖层和防风防水层（外衣）三种，另外再加上最近几年新的品类软壳和炎热气候下穿着的速干裤等活动层。

（一）排汗层

　　户外排汗层（内衣）的主要用途是保持人体的皮肤干爽。如果人体排出的汗水造成表面蒸发，就会带走身体的巨大热量，从而使人感到寒冷。棉纤维吸汗快但干得很慢，所以在低温下运动后，衣物不仅湿透，面料紧贴皮肤，并快速地把身体的热量带走，让你越穿越冷。所以选择比棉质更适合冬季运动的材质做为排汗层。最常见的是以化学纤维涤纶做成的衣物，这类人造纤维的含水率极低，因此非常速干，再加上经过各种排汗处理使其具备速干的功能。最为优良的是杜邦公司高科技纤维 Coolmax，它通过四管道纤维迅速将汗水和湿气导离皮肤表面，并向四面八方分散，让汗水挥发更快，时刻保持皮肤干爽舒适。于是人体排汗，皮肤表面与服装都不留汗，能持久舒爽透气，冬暖夏凉。所以，在运动量大、出汗较多的条件下，内衣应选为合成纤维物质的内衣，避免穿着纯棉、纯毛的内衣。

　　也有一些用羊毛制成的排汗衣，羊毛具有高度保暖，汗湿后仍具有一定程度的保暖效果。不过其吸水能力比棉还强，所以需要干燥的时间也长，只是整个干燥的过程温暖舒适，更加适合低温环境和中低运动量穿着，图 1-1 与图 1-2 为 iceberg 基础层羊毛内衣的成分与分析。如果是在炎热的气候环境从事剧烈运动时，则适合选用化纤材料做排汗衣，或者较宽松的款式以便汗气在布料和皮肤间顺畅流动散发。

图 1-1　iceberg 基础层羊毛内衣，适合打猎、钓鱼，重量轻，自然防臭，透气，100% 美利奴羊毛

图 1-2　iceberg 基础层羊毛内衣，适合跑步及健身，96% 美利奴羊毛，4% 氨纶

（二）保暖层

保暖衣的作用是在衣服内形成空气层。空气是良好的隔热媒介，在保暖衣内形成空气层之后，外界的冷空气与身体被隔开，达到保持体温的目的。利用各种热转播原理、纤维、面料织法将静止的暖空气保留在服装内部，以确保体表微气候在低温时依然维持在舒适温暖的状态。每件衣服都有其保暖价值，在炎热和高运动量条件下不需要高保暖的服装，反之在低温和静止状态下则需要极高的保暖组合。另外，外界风速和湿度也会影响保暖度，风速越大、湿度越高就越容易感到寒冷。所以应综合考虑环境状态选择适合的保暖层，图1-3~图1-6为各种保暖层的分析。保暖层不仅可以穿在里面，还可以穿在外面，特别现在很多保暖层都具有了防风防泼水性能，所以直接穿在外层也是非常适合的，在遇到大雨时再套上雨衣即可。

图1-3　巴塔哥尼亚保暖层抓绒衣，超细抓绒面料，适合户外探险、高海拔登山等运动

图1-4　iceberg 重量级中间保暖层，适合跑步及健身，户外徒步活动，99% 美利奴羊毛，氨纶1%

图1-5　iceberg 重量级中间保暖层，适合旅游和休闲生活方式，100% 美利奴羊毛

图 1-6　艾高保暖层，100％棉质面料，柔软羊毛衬里

（三）防风防水层

　　1976 年美国的 Wilbert L. Gore、Rowena Taylor 与 Robert W. Gore（Wilbert L. Gore 之子）共同发明了防水透气性薄膜 Gore-Tex，它是一种多孔的薄膜，需要压合在一层尼龙材料里面才可以做衣服面料。这种薄膜像人类的皮肤，在显微镜下观察其每平方厘米超过14 亿个微孔，能在同一时间阻止外部水的渗透，并使体表汗水（水蒸气）蒸发到薄膜外，在各种气候环境下都能确保舒适干爽。Gore-Tex 面料经过超过 500 h 的洗涤，仍会维持防水功能。现在登山等户外运动的外衣即冲锋衣、冲锋裤、风雨衣之类的服装，主要采用此类透气薄膜来达到防水、防风、防撕裂、透气、透湿的功能。如果运动者的雨衣无法透气，其内部服装组合很容易被自己的汗水浸湿，大幅度降低原本的保暖度，也会让身体闷热不舒服。所以"透气"是高档外套主打的功能。图 1-7 为知名户外品牌始祖鸟的透气雨衣，图 1-8 为知名功能面料 Gore-Tex 面料防水性能测试展示图。

图 1-7　始祖鸟品牌透气雨衣

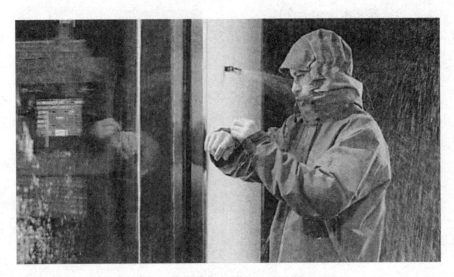

图 1-8　Gore-Tex 面料防水性能测试展示图

（四）活动层

　　在活动层里最近几年比较流行的有超轻风衣（皮肤风衣）、速干衣裤和软壳衣裤。超轻风衣一般采用较细密的纱线配合极密的组织结构达到防风、速干的效果，是所有户外服装中最便于携带的品类。速干衣选用梭织面料，比较有代表性的是杜邦公司的尼龙，面料特性是干得速度比较快，很多人就把这种面料俗称为速干衣。在户外进行运动时总会遇到一些复杂的气候，比如低温、刮冷风、濛濛细雨的环境，单穿排汗层走起来太冷，外加保暖层太热又不防风，而雨势又没大到需要穿冲锋衣，否则会太闷，而软壳兼具了弹性、耐磨、防泼水等各种功能，并且有各种抗风和保暖度可供选择，针对不同的环境进行最适合的功能组合即可，所以软壳是在保持出色的透气性和足够舒适性的同时提供较好的气候适应性和穿着耐久性的服装。图 1-9 与图 1-10 为软壳衣及细节。

图 1-9　软壳衣细节

图 1-10　软壳衣

　　下面我们以表格的形式把各层的设计主要目的、可能的附加功能、适合的纤维与面料罗列一下，以便更为清晰地进行区分（表1-2）。

表1-2　户外各层的设计主要目的、可能的附加功能、适合的纤维与面料

	排汗层	保暖层	防风防水层	活动层
主要目的	将人体排出的汗水汗气向外推，控制皮肤表面湿度，整件衣服倾向速干	控制人体散发的体热，形成一层暖空气隔绝层	让外界的冰、雪、水不直接侵袭人体，汗水则能顺利排出（透气雨衣）。完全防水即可完全防风	在运动时提供人体和外界的适度调试，主要以不同保暖和透气度来分级
其他可能的附加功能	透气、保暖、弹性、外层防泼水、抗UV、抑菌除臭、柔软触感等	速干、排汗、透气、抗风、抗静电、舒适触感等	因隔绝外界风雨，以及面料本身的低透气度，所以保暖感觉更好，但主要也靠内层衣着才够保暖	耐磨、弹性、保暖、速干、防泼水等
适合的纤维与面料	以各种人造纤维（polyester、nylon、PP）与羊毛纤维为主，也有两者混纺的布料，主要按照码重厚度来分级	羊毛（各种厚度、贴膜防风版本） 刷毛（各种保暖度的高透气、抗风、贴膜防风版本） 化纤填充（根据填充物的热阻值和填充厚度决定保暖度） 羽绒填充（根据充绒的热阻值和填充厚度决定保暖度） 较少见的各种保暖衣物（电池发热、各种动物皮毛、Aerogel空气胶等）	1　以化学纤维为主，可依需求选择轻量化或厚重耐磨的版本。 2　中间的防水薄膜以PU和e-PTFE为主，前者还可再分成无孔亲水PU和微多孔PU，也有两者结合的，eTFE都是微多孔形态，只是常和无孔亲水PU结合在一起。 3　PE、PP、Plyester等材质只要做成的空洞比水分子小，比水蒸气分子大的形态都可当作防水薄膜原料。 4　无薄膜的防水布料即超高密度的防水棉，最有名的是瑞士的Etaproof布料，少见并且抗水压值不高，较适合在绵绵细雨和极地、雪地等不会下大雨的环境下进行高运动量活动，因为无薄膜比其他雨衣都透气	除了软壳的内里、衬衫、速干裤可能会用混纺棉或羊毛之外，其余都以人造纤维为主，有弹性的款式是加入弹性纤维或利用特殊织法做成，在组织上可分为紧密编织类及贴合薄膜类，前者较透气且富有弹性，后者则具有较强的防风防水性

二、按照运动项目分类

（一）登山装

　　衣内多衬有羽绒、泡沫塑料片或丝绵等既轻又保暖的材料。要求穿脱容易，使肩膀、手臂、膝盖不受任何压力。口袋要多而大，并需有袋盖、纽扣、拉链，使口袋内的东西不致掉落。面料都选用表面光洁滑爽、可防风沙的面料（图1-11～图1-15）。

图 1-11　户外登山运动　　　　　　　　　　图 1-12　户外登山运动

图 1-13　火柴棍品牌冲锋衣　　图 1-14　火柴棍品牌冲锋衣　　图 1-15　始祖鸟品牌冲锋衣

登山装按照传统的三层式穿法要求内层舒适（Comfort）、中层保暖（Warm）、外层保护（Lay）。

1. 里层

维持皮肤表层温度及舒适，须贴身才能充分发挥保暖的功能，且不会造成过度摩擦，选择时注意贴身而勿过紧。

2. 中层

中间层服装主要提供保暖功能。选择中间层服装时应注意调节性与方便性，可选择羊毛、羽毛和抓绒类制品。

3. 外层

外层服装提供隔绝冷、热、防风、防水的保护功能。以方便活动、容易穿脱为原则。外层防风防雨层一般叫冲锋衣，根据运动量与登山海拔高度又分为市内使用超轻时装类型，2 天以内徒步露营短途中型风雨衣，3 天以上登山海拔 4 000 m 以下长途重型冲锋衣，5 天以上登山海拔 4 000 m 以上，温度 −20℃标准抗寒型。

一般来说，登山款的冲锋衣会选择三层压胶的面料，虽然穿着比较硬，不是那么舒服，但耐磨性上更好些，比较适合登山。徒步款多采用相对比较柔软的两层面料制作，使用范围更广些。

知名的登山户外品牌有：ARC' TERYX（始祖鸟）、MAMMUT（猛犸象）、山浩、HAGLÖS（火柴棍）、PATAGONIA（巴塔哥尼亚）、COLUMBIA（哥伦比亚）、布来亚克等。

（二）滑雪装

1. 滑雪服的分类

从专业和业余角度来分，滑雪服一般分为竞技服和旅游服。竞技服是根据比赛项目的特点而设计的，注重于运动成绩的提高。旅游服主要是保暖、美观、舒适、实用。滑雪服的颜色一般十分鲜艳，这不仅是从美观上考虑，更主要的是为了预防雪盲症的安全方面着想。如果在高山滑雪特别是在陡峭的山坡上，远离修建的滑雪场地易发生雪崩或迷失方向，在这种情况下鲜艳的服装就为寻找提供了良好的视觉目标。

从穿着层次来分，滑雪服包括内衣与外衣。由于滑雪活动是一项在寒冷环境中进行的体育运动，因此往往用特制涤纶材料制成的贴身、透气并能让汗水分子透出的内衣。内衣面料的内层有一层单向芯吸效应的化纤材料，本身不吸水，外层是棉制品，可将汗液吸收在棉制品上。或者为紧身内衣，一种特殊保暖层，排汗效果最好。

从细分的运动项目来看，滑雪一般包括双板滑雪和单板滑雪（图 1-16、图 1-17），传统的项目为双板滑雪。双板滑雪是两个滑板，一只脚一个滑板；单板滑雪即是只有一个滑板。双板是世界四大绅士运动之一，在全世界已经全面推广，适合 30 ~ 50 岁年龄；单

图 1-16　双板滑雪　　　　　　　　　图 1-17　单板滑雪

板是极限运动，适合年龄15岁~35岁。根据滑雪种类划分，其相对应的服装也分为双板连体服、双板分体服（图1-18）、单板分体服（图1-19）。滑雪时难免会摔倒，传统的连体滑雪服设计，可以防止摔倒后雪会从脚腕、手腕、领子等处钻进服装里。但连体滑雪服最大的弊端就是上厕所不方便，现在已经基本被淘汰，目前市场主要以分体服为主，而且只要一副腈纶棉织成的有弹性的长筒护膝，一副宽条护腕外加一条围巾即可解决雪进衣服的问题。双板滑雪两腿分开运动，双手还要紧握雪橇进行挥动，所以在款式设计上比较合体，且为了保暖衣服里面含有棉或其他保暖层（图1-20）。而单板滑雪一般较为宽松，且都是单层设计，前面增加保暖层，后背单层透气，衣服肥大，更适合年轻人。另外袖口处的设计是不一样的，单板可以套在手背上，双板只是包住手腕，可以外加专用手套。

| 图1-18 双板滑雪服 | 图1-19 单板滑雪服 | 图1-20 滑雪内衣 |

知名的滑雪装品牌有：哈尔迪（HALTI）、迪桑特（DESCENTE）、伯顿（BURTON）、博格纳（BOGNER）、高得运（GOLDWIN）。

2. 滑雪服与冲锋衣的区别

下面我们以表格形式展现两者的不同（表1-3）。

表1-3 滑雪服和冲锋衣的区别

	滑雪服	冲锋衣
重量	强调服装功能的防水（风）性和保暖性。在面料上要求比较高，会使用更多的材料来提高性能的指标，如更厚的衬里，更多的面料压胶涂层。所以在整体上外型更复杂，相对更加厚重	轻便，外型更简单，设计上走轻量化的线路。热贴合技术的成熟使用、大量新技术面料的广泛应用都使得冲锋衣整体上减少了许多不必要的重量
防风护脸（图1-21~1-23）	一般在滑雪服的兜帽上带有防风的护脸，主要作用是在滑雪过程中防止因速度太快而造成脸部皮肤被冷风冻伤	领口部位一般设计简单，基本都是采用柔软的材料，最多用来保护嘴部
袖口和裤口	为了防止袖口部的灌风，一般都设计较复杂，有的款式在袖口设计成2个开口，类似于露指手套的样式，裤口也存在相似的不同，滑雪裤基本在裤口都有两层的防灌雪设计	只有一个袖口，简单明了。冲锋裤可由雪套来解决灌雪和轻量化的要求。雪线以上使用的冲锋裤一般具有复杂的裤口装置，而普及性和雪线下则以简洁、方便为主

续表

	滑雪服	冲锋衣
口袋	为了让滑雪者收存滑雪镜、手套、手机之类的个人用品，口袋较多，而且开口很大，方便滑雪者带着手套就可以取放品；开口处基本使用拉链密封，防止在剧烈运动时物品的丢失。滑雪服的小口袋很多，材料柔软的是为了存放手机和滑雪镜；质地透明的是存放滑雪时间卡	一般来说基于轻量化简洁的要求，口袋一般较少，有的款式口袋密封只用尼龙搭扣，不仅简单方便而且不影响服装整体重量
散热拉链 （图1-24）	由于其运动的特点，拉链一般设计在胸口四周和上肢的前方。高档产品也使用防水拉链	大多数的冲锋衣都有腋下散热拉链，它可以方便让使用者在户外活动中，根据实际使用情况随时调节服装内的温度。对于高档的冲锋衣来说，拉链通常都采用防水功能的YKK产品
防风 （雪）裙 （图1-25、 图1-26）	防风（雪）裙是为了防止灌风和因摔倒而后雪从服装下部灌入而设计的。它是滑雪服的必要设计	从冲锋衣轻量化的发展趋势来看，防风（雪）裙是被轻量化概念所舍弃的选择之一
耐磨层	由于滑雪运动的速度特性，滑雪裤会在关节或身体易发生摩擦部位用很厚的耐磨布，虽然它会导致服装整体重量加大，但是却很好地延长了服装寿命	一般除了为严酷条件所设计的裤子外（如雪线以上登山活动用途），基本来说只在最容易破损处做简单的防磨处理

图1-21　冲锋衣领部设计

图1-22　滑雪服领部设计

图1-23　滑雪服领部设计

图1-24　腋下散热拉链

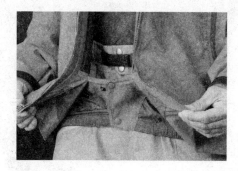

图1-25　防风（雪）裙

滑雪服的防风(雪)裙

图1-26　防风（雪）裙

（三）攀岩服

攀岩是从登山运动中衍生出来的竞技运动项目。20世纪50年代起源于苏联，是军队中作为一项军事训练项目而存在的，1974 年列入世界比赛项目。进入 20 世纪 80 年代，以难度攀登为标准的现代竞技攀登比赛开始兴起并引起世人的兴趣，1985 年在意大利举行了第一次难度攀登比赛。此项运动时手臂多为上举状态，腿部亦频繁进行弯曲与伸直运动，所以上身袖子的结构设计应增加腋下活动量，裤子设计应松紧适度，因攀登时小腿膝盖、手臂内侧与山崖摩擦量大，所以此处在长袖的款式中应增加耐磨面料。为防止攀登过程中衣服受到岩石、树枝的钩挂，服装整体应简洁大方，尽量减少口袋的设计（图 1-27 ~ 图 1-30）。攀岩鞋是一种摩擦力很大的专用鞋，穿起来可以节省很多体力（图 1-31、图 1-32）。

知名的户外攀岩服饰品牌有 AVENTURE VERTICALE、FIVE TEN、SCARPA、SALE-WA、凯乐石等。

图 1-27　AVENTURE VERTICALE 分体式攀岩上衣正面

图 1-28　AVENTURE VERTICALE 分体式攀岩上衣背面

图 1-29　AVENTURE VERTICALE 连体式攀岩服一

图 1-30　AVENTURE VERTICALE 连体式攀岩服二

图 1-31　FIVE TEN 攀岩鞋

图 1-32　SCARPA 攀岩鞋

（四）骑行服

骑行服就是骑行运动时的专业运动服。骑行服的分类可以有多种分法，可按照骑行工具分、可按照季节来分类、还可按照面料来分类、还可按照制作工艺来分类。如果按照骑行工具分的话，包括自行车骑行服和摩托车骑行服。

摩托车骑行服与自行车骑行服各有侧重。因摩托车运动速度快，所以其服装以防风、防护为主要目的；自行车骑行服以舒适骑行为主要目的，侧重于速干、高弹、保温性能；对防护性能的要求弱于摩托车骑行服。面料也大不相同，摩托车骑行服以皮革、PU 为主要用料，配以海绵、硅胶为防护配料，比较厚重。自行车骑行服以涤纶、莱卡为主要用料，轻便且速干、高弹。自行车特别是山地自行车运动，骑行时身体前弓，所以口袋的设计一般在身体后部，且上衣前短后长，为了避免长时间与自行车座的摩擦，专业骑行裤裆下有护垫（图 1-33 ~ 图 1-36）。知名的摩托车服品牌有 DAINESE、哈雷戴维森（图 1-37、图 1-38）。知名的自行车服品牌有 Jaggad、COSMIC、PEARL IZUMI。

图 1-33　自行车骑行服

图 1-34　自行车骑行服的后袋设计

图1-35　自行车骑行服上衣

图1-36　自行车骑行裤

图1-37　哈雷戴维森摩托车服男款

图1-38　哈雷戴维森摩托车服女款

（五）徒步装

徒步装是一种现代新兴服装类别，是外出运动穿着服装的总称。其中包括风衣、雨衣、夹克衫、猎装、骑士裤、马裤等轻便服装。旅游服装的造型必须合身，轻便，多口袋，多功能，穿着后使人感到灵活方便（图1-39～图1-41）。

图1-39　布来亚克时尚旅行服一　　图1-40　布来亚克时尚旅行服二　　图1-41　布来亚克时尚旅行服三

（六）越野跑服装

越野跑是在野外自然环境中进行的一种中长距离的赛跑，既是独立的竞赛项目，也是各项运动经常采用的训练手段。没有固定的距离，也不受场地器材的限制，每次练习或比赛都是按当时当地的自然环境条件选择路线，决定起点和终点。专业的越野跑服装如图1-42至图1-45法国萨洛蒙专业越野跑服装，紧身的胸背部设计可以为胸部和上身姿势提供支撑，在长途跑步中增加舒适感。紧身的裤装，在关键部位结合了肌肉压缩和姿势支撑技术，可改善恢复能力。

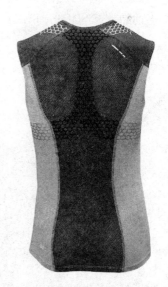

图1-42　越野跑短袖上衣　　　　　　　　图1-43　越野跑无袖上衣

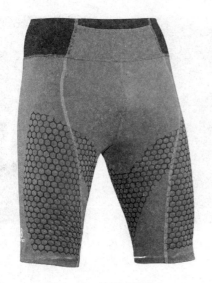

图 1-44　越野跑短裤一

图 1-45　越野跑短裤二

（七）钓鱼服

钓鱼服的品类包括钓鱼外套（图1-46、图1-47）、钓鱼背心（图1-48～图1-50）、下水裤（图1-51）等，钓鱼背心是使用范围最为广泛的品类，而下水裤也叫钓鱼裤、作业裤、防护服、抓鱼裤，是采用防水面料加工而成具有一定防水效果的服装，规格有全身、半身、全封闭三种，主要用于化工建筑，消防、渔业、养殖捕捞等作业防护，下水裤按材质国内市场可分为旧内胎、平板橡胶、PVC、尼龙、NEOPRENE 和防水透湿膜几种。知名的品牌有 SIMMS、SHIMANO。

图 1-46　钓鱼夹克

图 1-47　钓鱼外套

图1-48　钓鱼背心一

图1-49　钓鱼背心二

图1-50　钓鱼背心三

图1-51　下水裤

（八）水上运动服饰

户外水上运动项目包括溯溪、划艇、瀑降、滑水、漂流、潜水、冲浪、帆板冲浪等项目。此类服装以防水和弹性为主要特点，同时结合每项运动的状态有相应的功能性设计。例如潜水服的设计主要用于防止潜水时体温散失过快，造成失温，同时也能保护潜水员免受礁石或动物、植物的伤害（图1-52～图1-54）。知名的潜水服品牌有MARES、AQUALUNG、TUSA。其他知名的水上运动服装品牌有QUIKSILVER、HOBIE SURF。

图1-52　潜水服及相关装备

图1-53　潜水服　　　　　　　图1-54　潜水服及对膝盖的保护性设计

第二章

户外运动发展历史与
国内外户外服饰市场现状

第一节 户外运动的发展

一、户外运动起源

现代户外运动的起源有两种说法，一种是民俗习惯说，一种为科学探险说。

（一）民俗习惯说

西部欧洲的阿尔卑斯山区，在海拔3 000～4 000 m的雪线附近，即接近高山植物禁区的地带，生长着一种野花——高山玫瑰。据说18世纪，阿尔卑斯山区一直流行这一种风俗：当地小伙子向姑娘求爱时，为了表示对爱情的忠诚，就必须战胜重重困难和危险，勇敢地攀上高山，采来高山玫瑰献给自己心爱的姑娘。它是男人对爱情坚定、坚强、勇敢、无畏的象征。直到今天，阿尔卑斯山区的居民仍然保留着这种习俗。长此以往，在阿尔卑斯山区的登山活动便发展成为一种被广大群众爱好的踊跃参加的活动（图2-1）。

图2-1 阿尔卑斯山区

（二）科学探险说

在户外运动的起源上，还存在另外一种说法：18 世纪中期，阿尔卑斯山以其复杂的山体结构、气象和丰富的动植物资源，吸引着越来越多的科学家的注意。1760 年日内瓦一位名叫 H·德索修尔的年轻科学家，在考察阿尔卑斯山区时，对勃朗峰的巨大冰川产生了浓厚的兴趣，然而，他自己攀登却未能成功。于是，他在山脚下的沙漠尼村口贴了这样的一张告示："为了探明勃朗峰顶上的情况，谁要能攀上它的顶峰，或找到攀上顶峰的道路，将以重金奖赏。"布告贴出后，没有人响应，一直到 26 年后的 1786 年，才由沙漠尼村的医生 M·G 帕卡尔邀约当地石匠 J·巴尔玛，结伴于当年 8 月 8 日攀上勃朗峰。一年后，H·德索修尔自己携带所需仪器，由巴尔玛为向导，率领一支 20 多人的队伍登上了勃朗峰，验证了帕卡尔和巴尔玛的首攀事实。英国大百科全书"登山"条目下，采用了这种说法。由于现代登山运动兴起于阿尔卑斯山区，在世界各国，登山运动又被人们称之为"阿尔卑斯运动"。

二、户外运动的发展演进

在 18 世纪，一些传教士为了传教不得不穿越山区，科学家也开始走入山区，做一些自然生态的研究。除了这些人外，还有一些因工业革命而形成的实业家和企业家等社会新阶层，这些人有了一定的资金后同时也为了追求另一种刺激，就开始把登山当成一种休闲方式。在当时，首登（某座山头被人类第一次登顶）就成为所有登山者追求的目标。那些在阿尔卑斯山区中比较平缓而容易到达的山头都被首登过后，剩下的就是有着相当难度的大山了。当时的登山者为了克服这些终年积雪的冰岩地形，进而发展出一整套技术。但户外运动在当时无论技术上还是装备上都还相当简陋。

1857 年，世界上最早的户外运动俱乐部在德国诞生，这个以登山、徒步为主要运动项目的民间组织则是现代户外运动俱乐部的雏形。户外运动俱乐部的诞生，促进了登山运动的发展。在 1855 年至 1865 年间，阿尔卑斯山脉 20 座 4 000 m 以上的高峰相继被征服。在此之后，户外运动形势发生了很大变化。其中，陆地上以登山、攀岩、溯溪、溪降、漂流、探洞、滑雪、越野自行车、滑板等一些带有冒险性的极限运动为主体的活动被相继纳入户外运动项目。

第二次世界大战期间，英国特种部队出于提高部队野外作战能力和团队合作能力考虑，开始利用自然屏障和绳网进行障碍训练，形成了攀岩、登山、野营的基本雏形，这是人类第一次系统地把户外活动有目的地运用到实际中，使户外运动真正发展成为一个分类的体育项目。

二战后，随着战争的远离和经济的发展，户外活动开始走出军事和求生范畴，成为人类娱乐、休闲和提升生活质量的一种新的生活方式。1989 年新西兰举办首次越野探险挑战赛后，各种形式的户外活动和比赛在全世界如火如荼地开展起来。目前在欧洲每年都有众多的大型挑战赛举行。在美国，户外运动的参与人数和产值都位居所有体育运动的第三位。

三、户外活动在中国

1989 年第一个户外运动民间社团在中国成立，在中国登山运动管理中心的领导下，2003 年底，注册的户外运动正式俱乐部有 300 多家。户外运动多数带有探险性，属于极限和亚极限运动，有很大的挑战性和刺激性。拥抱自然，挑战自我，能够培养个人的毅力、团队之间合作精神，提高野外生存能力，深受青年人的欢迎。户外运动吸引了越来越多的目光，日益成为人们关注的焦点。另外，由于我国地理条件得天独厚，拥有良好的广大自然资源，也为户外运动提供了一个广阔的空间。户外运动与其他运动项目的最大不同，就是参与性强，老少皆宜，方式也很多样，登山、远足、渡水、露营等都可以，类似于"体育超市"，可以自由选择，不断变换，形式自由，有利于个性张扬，挖掘潜能，顺应了社会发展时代潮流的需要（图2-2、图2-3）。

图 2-2 户外运动在中国之一 　　　　　　　　图 2-3 户外运动在中国之二

第二节　国外户外服饰市场现状

户外休闲运动是体育细分的结果，是介于体育和旅游之间的一种项目，现已发展成为一种非常活跃的产业。据有关统计 2012 年全球户外运动产业的年交易额达到 150 多亿美元。在全球户外市场中占有重要地位的有欧洲市场、美国市场、韩国市场。

一、欧洲市场

欧洲被称为"户外运动之乡"，是现代户外运动的发源地和户外产业发展趋势的领导者。2006 年 8 月在南京"亚洲户外产业发展论坛"上，德国沃德公司总裁戴维斯先生做了"欧洲近 25 年户外产业发展状况"的演讲，他在演讲中提到 18 世纪后期，现代登山运动就在欧洲西部的阿尔卑斯山区诞生了。在随后的 100 年左右，一些人开始从事登山运动，但整体上人数很少，而且这一阶段的登山家们，主要使用的是军用的或者自制的装备和器械。直到20世纪六七十年代，户外运动在欧洲得到了迅速的发展和普及，一方面登山运动从专业的登山家开始走向民间，另一方面攀岩、野营等新兴的运动形式得到了认可和普及。随着参与户外运动的人越来越多，一些厂商开始设计并有规模地生产针对户外群体的帐篷、睡袋、背包等，这也标志着户外产业作为一种新兴的产业形态登上了欧洲的舞台（图2-4、图2-5）。在过去的25年里，欧洲户外产业保持了长期的高速增长，规模已经达到相当可观的水平。1980—1990年平均增长率达到15%，1991—2000年平均增长率为10%，2001—2006年平均增长率为7%，其增长速度都高于欧洲同期的经济总体增长速度，表现出朝阳产业高速增长的强劲势头。产业的总体规模，也从1980年的3.41亿欧元增长到2006年的53.63亿欧元，短短二十几年内产业规模增长了将近17倍。

在整个欧洲户外运动及其产品所占份额不同，2011年12月21日，欧洲户外数据研究组织发布了《欧洲国家户外产品所占世界市场份额报告》，其中显示户外产品所占比例份额最多的国家为德国，紧随其后的是英国、爱尔兰、法国、意大利以及瑞士。

始创于1970年的德国慕尼黑国际体育用品及运动时装贸易博览会（ispo）每年分冬、夏两季举办，是世界上体育用品及运动时装等领域最重要、规模最大的综合性展览会。博览会的展品范围包括室内运动、户外运动、体育运动、自行车运动、健身体育、国际体育等用品。

创始于1994年的欧洲户外用品展览会（European OutDoor Trade Fair）每年都在德国举办（图2-6），主要展品范围有运动服、露营/攀岩/登山装备、背包、睡袋、帐篷、布料、鞋子、水上运动的装备以及配件等，是欧洲户外行业最高水平的专业用品展览会，也是全球最具影响力的顶级专业户外用品展览会之一。

图2-4 欧洲室内攀岩运动

图2-5 欧洲户外水上运动

图 2-6　第 20 届欧洲户外运动用品展

二、美国市场

美国户外运动兴起于 20 世纪六七十年代，是户外运动高度发达的国家，户外运动在维护其国民身心健康，繁荣经济社会发展方面发挥着重要作用。

美国是一个崇尚运动和酷爱自然的国度，依托其经济、社会、城市化、工业化高度发展的社会背景，在政府高度重视下，通过立法、资助、提倡等多种方式的引导，户外运动十分流行，国民经常参与的户外运动多达 40 余项。2008 年，在美国 6 岁及以上人群中，参加户外运动的人数达 1.359 亿，2009 年增加至 1.378 亿，占美国当年该年龄阶段总人口的 48.9%。位居美国户外运动前 5 位的分别是钓鱼、跑步、野营、自行车和徒步，参与者总数为 212.6 百万人次，占美国 6 岁以上人口的 76%。

户外运动在美国受到特别的关注，联邦政府把户外运动提到改善国民身心健康、促进经济社会发展的战略高度加以重视。这主要表现在四个方面：一是组建专门的政府部门对户外运动发展进行规划和管理。如户外娱乐管理局（BOR，内务部 1963 年成立）、国家户外运动协会、联邦政府户外运动与游憩联盟等。二是通过立法规范和促进户外运动的发展，美国关于户外运动的法规多达百余部，主要可分为公园与娱乐区域的授权，国家资源的授权、规划与管理，对娱乐地区的资助，环境保护的立法四类。如关于水土保护基金的资金来源及在户外运动中的使用要求方面的立法、国家公园体系的立法都有力的促进了户外运动的发展。三是资金资助。如水土保护基金（LWCF）及通过国家预算对户外娱乐者的资助。四是大力提倡。如 2009 年，美国推行了包括 107 个国家自然公园的百个国家自然公园百日复苏计划，以为美国人提供更多的户外运动场所，创造更多的就业机会，刺激当地经济的发展，同时，将 2009 年 6 月定为"全国露营月"。2010 年，美国总统奥巴马发布了《21 纪美国伟大户外运动战略》，主要目标是鼓励美国人到河流水域、草原、农场、沙漠、公园、海岸、沙滩等参加户外活动，通过建造户外的廊道和绿道、扩大相邻的公园，实现对水、土地、野生物、历史和文化资源的保护。

　　与美国的体育管理体制相一致，户外运动采用的是一种社会管理型管理模式。全国拥有户外运动基金会、户外产业协会、Outdoor Nation、探险旅行商业协会、美国钓鱼协会、美国户外、运动滑雪产业协会等与户外运动相关的多种多样的协会。这些协会在户外运动的宣传、开展、信息的发布推广普及、组织培训方面发挥了不可替代的作用。

　　重视户外运动场所的规划与建设，拥有发达的户外活动场所。19 世纪的城市公园运动与 20 世纪的开敞空间规划浪潮为美国户外运动的开展奠定了良好的物质基础。在美国各个州都拥有众多城市公园、滨水带、步道等便捷易达的户外活动场所。如阿拉斯加州、加利福尼亚州仅国家公园就各有 8 座，犹他州拥有 5 座国家公园、48 座州立公园、2 个国家休闲区域。众多的户外活动场所在国民的户外活动中起着关键性、基础性的作用。以国家公园为例，据美国国家公园管理局的资料显示，美国现有 58 座国家公园，2006 年共接待 2.726 亿户外到访者。2008 年游客最多的大雾山国家公园游客超过 900 万，大峡谷国家公园超过 400 万人。而 19 世纪 70 年代开始出现，现在每年正在建设的数百，甚至是数千条的"绿道"，又为其国民参加户外活动提供了更加便捷、多样的服务。它通常沿着河滨、溪谷、山脊线、废弃铁路线、沟渠、风景道路而建设，通过它把公园、自然保护地、名胜区、历史古迹等与高密度聚居区之间连接起来，以便行人和骑车者出入游玩运动。美国目前正在兴起"绿道"建设的热潮，使居民能自由地进入他们住宅附近的开敞空间，从而在景观上将整个美国的乡村和城市空间连接起来，就像一个巨大的循环系统，一直延伸至城市和乡村。这一举措将会更加有力的支持、方便其国民参加户外运动，推动其户外运动的深入发展。

　　适时适宜地打造户外运动平台，助推户外运动发展。2002 年，美国在科罗拉多州伊格尔县的一座小城韦尔市，以划船、漂流、山地自行车、业余登山、钓鱼、越野跑和半程马拉松等为竞赛项目，采取自由报名的形式举办了其国内第一届山地运动会，而后每年一届，固定在每年 6 月的第一个周末举行，2012 年又增加冬季赛事，目前该运动会已成为世界上最大的山地运动会（图 2-7、图 2-8）。适时适宜推出的这一赛事，有力地助推了美国户外运动及其产业的发展（图 2-9、图 2-10）。

图 2-7　世界上最大的山地运动会——Teva Mountain Games 广告

图2-8　世界上最大的山地运动会——Teva Mountain Games

图2-9　美国户外休闲钓鱼运动

图2-10　美国最大户外用品专卖店 Bass Pro Shop

　　美国盐湖城国际户外展览会（Outdoor Retailer）始创于1981年，它目前不仅是美国最大的户外行业展会，也是世界上最具影响力的户外展会之一。而且与我们大家所非常熟悉的德国 ISPO 以及欧洲户外展不同，Outdoor Retailer 同时也是当今全球唯一一个每年举办两次的国际性户外展会，它们分别是 Outdoor Retailer Winter Market 和 Outdoor Retailer Summer Market，这也就使得它具备更好的延续性以及市场流动性，因此在每年都会吸引超过40 000名专业客户来到这里参展以及参观。

三、韩国市场

　　亚洲的户外市场，发展最快的还当属韩国和中国市场，其中韩国市场2012年户外用品销售额突破5万亿韩元（约合51亿美元）。这意味着市场规模比2011年扩大了39%，是7年前的5倍。

　　就在21世纪初期，户外服装还是服装业界的"夹缝市场"。但近几年却飞速增长，在整个服装市场（37.6万亿韩元，韩国纤维产业联合会统计）中占13%。在最近结束的百货商店秋季折扣活动中，虽然女装销量有所减少，但户外服装销量却比去年增加30%以上。

　　即使从全球来看，韩国户外服装市场的增长势头也非常惊人。美国户外产业协会的统计资料显示，美国户外服装、鞋类市场的年销售额约为 60 亿美元，与约合 51 亿美元的韩国市场相比，可见韩国户外市场之繁荣。另外，由于韩国户外用品市场的 90% 集中在登山和徒步服装及鞋类产品，所以仅从户外服装和鞋类市场看，韩国市场继美国之后列世界第二位，人均市场规模列世界第一位。

韩国户外服装市场为何在短期内如此迅速地增长？业界和服装专家认为其原因大致有三种。首先，韩国全面实施五天工作制后，休闲市场增长。在此过程中，原本是中老年男性专属活动的登山运动扩大到女性和二三十岁人群，从而促进了服装市场的增长。参与户外活动的人群范围扩大后，在登山用品中寻找"时尚"的需求大幅提高（图 2-11）。过去只要有一套登山服就够了，但现在一个人会买多套不同季节、不同功能

图 2-11 韩国户外旅行

的登山服。购买户外服装的顾客大幅增加，而且一位顾客购买的服装数量也有所增加。第二是产品竞争力。随着户外用品市场迅速增长，很多企业聚集而来，从而使新产品竞争比其他服装领域更加激烈，推出的商品也多种多样。初期大都是采用 Gore-Tex 面料的外国品牌，但现在国产品牌大幅增加。店铺数量激增也是户外用品市场扩大的一个原因。

第三节 国内户外服饰市场

一、我国户外产业的发展

我国的户外用品产业是伴随着户外运动的发展而产生的，据已知记录显示，早在 1981 年，德国的 Big Pack 品牌就已在南京加工户外产品，并有小部分产品流入市场。但由于这一时期的消费群以专业人士为主，专业化的销售渠道没有出现，也不具备形成体系化的产业链，因此仅仅可称之为产业的萌发期或我国户外用品的发源期。

（一）我国户外用品的早期发展

20 世纪 90 年代之前，国内尚没有专业的户外用品生产企业，运动者多半使用国外的户外用品。在大众消费者心目中，对户外运动以及户外用品的认知度几乎为零，甚至专业登山运动员也没有清晰地认识到这一产业的萌发。1990 年以后，国内沿海地区开始出现一些户外用品生产型企业，这部分企业大多由原本为国外同类产品代工的加工型企业转型而来，产品虽然能够初步满足一定程度的户外运动需求，但是无论质量还是专业性都与国际水平存在较大差距。与此同时，欧美日韩的一些户外品牌开始以各种方式进入

我国市场，并以其多年的经验和良好的质量迅速取得相当一部分市场。在户外用品店铺方面，广州、北京、上海等大城市先后出现一定的消费群，但由于产业链条没有完全形成，还不能称之为户外用品产业，只能说是传统体育用品行业中具有发展潜力的一个分支。这一状态在进入 21 世纪时被完全打破。

（二）本土户外用品品牌的形成

2000 年开始，我国本土的户外品牌开始大量出现，企业的品牌意识也大幅提高，并且在很大程度上开始摆脱原本的生产型企业身份，形成了完全的品牌化市场运作模式。与此同时，本土品牌在市场需求下开始在产品推广、宣传方面加大投入，并相应地开始建设全面的销售渠道，扩大消费群体。国外品牌在这一时期呈现一定程度的分化，一部分专业化程度高的品牌在自身产品线的限制下，明确了自身的专业化发展方向，将消费群体确定为专业人士。而多数产品线较全面、以服装类产品为主打的户外品牌则将目光放在更加广阔的大众消费群。

这一时期的户外用品，越来越多地引入时尚设计元素，并开始尝试将户外运动的概念泛化，将其作为一种时尚理念进行推崇。在户外用品专业化还是大众化的问题上，国内外一直都存在一定争论。这个问题的出现本质上是由户外用品产业本土化造成的。在欧美市场，这个问题几乎不存在，成熟的市场已形成合理的产业构架，并能满足不同层面的需求，成熟的消费者也具备了自主选择消费的能力。而在中国市场，户外运动及其产品是一个舶来品，初期面对的消费者大多是专业运动员级的消费者，产品也较为专业，因此形成"户外用品专业化"的第一印象，而在中国户外运动迅速发展以后，专业与大众之争开始出现。

本土品牌由于不存在历史传承问题，绝大多数品牌能够很快完成由专业市场向大众市场的转变，而国外品牌则一时间较难进行快速的市场转变。同时，由于欧美产品进入中国市场前期在产品的设计细节方面没有完全适应亚洲人的体型和文化，更加重了欧美品牌的"水土不服"。差不多在 2005 年，国外部分品牌才真正完成"中国化"过程，而从 2000 年到 2005 年这短短的 5 年时间恰是中国户外用品市场发展的黄金时期，目前知名的国内户外品牌有凯乐石与探路者等（图 2-12、图 2-13）。

图 2-12　国内知名户外品牌凯乐石

图 2-13　国内知名户外品牌探路者

（三）户外用品渠道的建立

在户外品牌得到发展的同时，户外用品渠道建设也开始形成规模。全国的户外店所经营的产品也逐渐形成以服装、鞋类、背包为主，装备类为辅的体系，店铺面积逐步扩大。同时，随着品牌的成熟，户外店与品牌商长期、稳定的合作方式得以确立，形成长期稳固、相互扶持、共同发展的模式。"户外店＋俱乐部"的模式仍然被很多店铺采用，但随着产业的形成和发展，消费者对产品的理解和使用能力也得到一定程度的提高。另一方面，由于这种模式终究是以产品销售为主要目的，在俱乐部活动内容上难以进行更多的投入，所提供的服务虽然低成本，但已不能满足消费者越来越高的需求。随着消费群的扩大，以服务为主的俱乐部开始形成，专业化的独立户外运动俱乐部快速发展起来。独立的户外运动俱乐部在脱离产品销售的同时，使得服务项目也摆脱了依托产品的成本羁绊，在全国乃至世界范围内为消费者提供了从登顶珠峰到城市探游（以城市为活动场地，人为有计划地设置某些探险或探寻项目，综合体力运动与脑力运动的一种活动方式）等各个层面的项目，满足了不同层面消费者的需求。

（四）品牌与渠道的融合

在品牌、渠道和消费者这三方面得到长足发展的前提下，产业的主要组成部分也已形成。同时，相应的专业媒体、展览机构、俱乐部、推广公司以及相关协会组织也应运而生，并且形成具有户外用品特色的产业体系，整个产业的构架在 2000 年左右基本形成。在品牌发展方面，2009 年我国市场上共有户外品牌 473 个，2009 年所有品牌出货总额为26.7 亿元人民币。户外用品销售渠道已形成以百货商场和专业户外店为主，网络等其他渠道同时发展的态势。目前正式进入中国市场的国外品牌还仅仅是冰山一角，仍然有大量的国外户外品牌尚未正式进入中国市场。国内品牌往往选择快速的发展途径，忽略未来的发展计划，对研发和设计投入欠缺。反观很多欧洲品牌始终保持着上乘的品质和良好的信誉，虽然市场未必很大，但其未来的发展潜力却很大。此外，网络销售的发展潜力也不容小觑，未来的网络销售很可能会发展为"鼠标＋水泥"模式：店铺在网络上销售，同时设立产品实体体验店，人工模拟各种野外恶劣条件，让消费者能够身临其境地体会产品的功能性。这种模式在欧美已经成型，我国的某些户外店以及直营店目前也开始了类似尝试。

（五）户外用品消费者状况

中国的户外用品消费者相对于品牌和渠道来说，可能最显落后。很多行业由消费者引导产品的走势，而户外用品恰恰是品牌和渠道引领消费者，这也是产业尚未完全成熟的表现之一。户外产业形成初期，中国的户外用品消费者几乎均为高端消费层，强调产品的功能性和适用性；之后，中端消费群逐渐形成，但直至目前尚未完全成熟。如今消费者的不理智消费现象仍然存在，出现过于强调产品的功能性或时尚性两个极端。这种类型的消费心理虽然在短期内会为产业带来一定的业绩，但产品无法让消费者体会到真正价值和品牌所代表的文化内涵，也就无法培养出忠实的户外运动消费群。由于户外用品的很多功能需要在特定的自然条件下才能体现出来，因此大力推广户外运动不失为引导消费者的好方式。

二、目前我国户外运动及产业现状

（一）户外休闲运动的现状与发展潜力

中国是一个资源大国，自然资源尤其丰富。由于户外运动所持有的挑战性、刺激性和参与性，正好适应了当今人们的需求，因此颇受人们的享受。

据有关方面统计，目前，国内滑雪常规人口已经突破40万，登山人口已突破60万。经过几年来的户外爱好者的培育和媒体推波助澜，"OUT　DOOR"正被越来越多的人关注、接受和喜爱。如全国的极限精英赛、滑板赛事、轮滑赛事，目前的比赛范围已经扩大到了广州、北京、上海、成都、长沙、武汉等地，比赛的奖金由最开始的鼓励参与奖到如今的100万元的高额奖金。此外，随着各地户外休闲设施的不断完善，人民生活水平的日益提高，滑雪、攀岩、登高、攀冰等活动也搞得有声有色（图2-14～图2-16）。

图2-14　凯乐石品牌赞助的阳朔攀岩节招贴

图 2-15　冰攀运动图 2-16　环青海湖国际公路自行车赛

（二）中国户外产业发展的展望

从国外品牌与外贸产品两极充斥的产业初期，到现在的国内品牌与国际品牌共舞、专业户外与泛户外并生，中国户外用品行业以跨越式的姿态在加速前进。未来的市场发展需求将体现以下几点：

1. 产品设计——科技、低碳、时尚、丰富

中国户外用品行业存在着规模与质量的失衡问题，产品研发与设计是两大软肋。因此，产品将是本土户外用品品牌格外重视的投入版块，从探路者投资并扩建研发中心，便可见一斑。

由于户外运动的特殊性，所以装备的产品对科技、功能的要求比其他行业品类更高，科技含量的高低极有可能成为评判户外装备产品专业度的重要标准之一，但是，在科技功能性基本相当的情况下，人性化设计的户外产品更容易引起消费者的兴趣，多功能、简单易用将是户外用品设计特点的主流趋势。

"低碳"亦成为户外装备的基本指标。户外运动本身就是一种亲近自然、享受休闲的"低碳"生活方式，因此低碳环保的户外装备也逐渐成为时尚人士的必备品。可回收材料、再生材料、有机棉、天然材料等也成为户外产品的主要设计元素。

泛户外流行带来了产品线的延长及产品时尚度的提升，不再局限于专业人士使用的户外产品，将被更多的不同年龄、不同职业的消费人群所接受。户外运动的大众化和普及化，使得户外装备产品的种类更加丰富，一些品牌或户外大型实体店中，除了服装、鞋帽、背包、帐篷等传统装备外，延伸产品将逐渐增多，以满足更多消费者的户外需求。

2. 产业资源——品牌化、规模化、普及化

户外运动产业发达的标志是能够提供市场需要的各类产品，并且拥有完整的产业链。目前的户外活动和比赛项目的特点有比赛规模还较小、价值小、缺乏精品活动和品牌赛事，全国性的活动比赛虽多，但影响力较小、参与人数有所局限。户外活动和比赛项目仍是本土户外品牌主要的营销载体，"载体"性能不佳，也限制了户外品牌营销的广度和深度。积极培育品牌赛事，扩大赛事规模，甚至可以将部分赛事引入学校、企业等，也有助于品牌赛事的普及和推广。户外用品企业借助赛事的影响力进一步提升品牌影响力。

除了活动赛事等相关产业资源的深度挖掘，户外俱乐部成为我国户外产业发展的主

要生力军。随着出游人群对活动质量和安全保障要求的提高，户外俱乐部的运营市场也将随之不断壮大。因此户外俱乐部要积极整合资源、扩大规模和业务范围，不断提高盈利能力和竞争优势。

3. 品牌阵营——多极、新生、联姻

国内户外用品市场的发展，以国际品牌的渗入为起源，在国际品牌的带动下，本土品牌不断摸索、模仿，逐渐撑起了国内户外用品市场的半边天。可以预见，作为本土品牌的启蒙"先师"与竞争对手，国际品牌对我国户外用品行业的影响将不断加大。

世界顶级品牌、欧美中高档品牌凭借着雄厚的资金实力，在中国市场抢先铺开了销售渠道以夺取市场份额。例如，哥伦比亚首家上海旗舰店于 2008 年 12 月开业至今，在中国已拥有了 300 多家网点。建立在规模庞大的销售网络基础之上，国际品牌又以中高端的价格、先进的设计与材料、丰富的产品线俯视中国本土户外产品，并且在特殊产品上有着固定的专业消费群。

面对国际品牌的高举进入，国内品牌在经历了模仿常规户外消费品的初级阶段之后，在产品线的扩张、产品款式设计研发等硬实力方面都在迅速地强化。大众渠道中像探路者、奥索卡，户外渠道中的服装品牌像极星，凯乐石等都大有后来居上之势。国际面料商 GORE 品牌在中国市场上也渐渐开始培养客户，而一向以严谨和稳重著称的德国 SympaTex 也不甘错失和中国品牌制造商的合作良机，世界著名展会 ISPO 及亚洲户外展等也对国内品牌伸出了双手。

越来越多的本土户外品牌新生力量诞生并崛起，一些综合性的体育用品企业也加大了户外运动产品的产销力度。与国际户外运动巨头"联姻"也是目前本土户外用品企业提升品牌号召力、产品研发力，以及迅速打开市场的一种选择。例如，李宁和法国 AIGLE INTERNATIONAL S. A. 以各占 50% 股份权益的合作形式，成立艾高（中国）户外体育用品有限公司，负责在中国生产、市场推广及销售 Aigle 品牌的专营户外运动及休闲服装和鞋类产品。作为"美国骆驼"少年越野装备中国大陆市场的独家代理，明伟鞋服有限公司也将成为中国第一个为青少年提供专业户外越野装备的企业。

4. 资本上市——规范、升级、终结

2009 年 10 月 30 日，探路者在深交所创业板上市，且所募集资金超过预期。某证券分析师分析："作为一家创业板上市公司，空间大、风险也大，公司团队的经营管理水平和中小板上市公司相比存在一定距离，但是探路者公司上市时实现了超募，所以未来三年的成长性值得期待。"国际品牌通过资本操作进入中国市场，本土户外品牌则更需要资本力量的扶持，为品牌发展扩张提供更广阔的空间。金融资本的助推，能够有效推动中国户外用品产业软硬实力的升级，整体性地提升中国户外用品行业的综合实力。

第三章
户外服饰面料的开发

第一节　纤维的种类与特性

面料的最基本单位是纱支，其成分（纤维）和组织以及后整理工艺决定了面料的基本功能。在户外服装成品设计中，选对面料种类是第一步，比如夏季慢跑运动服选择合成纤维比天然纤维更适合，因为前者几乎不吸水且吸湿散热性较快，在高温下进行剧烈运动更为干爽凉快。

纤维可以分为天然纤维和化学纤维两大类，前者的触感好、吸湿性强、亲肤性佳，所以很多人喜欢穿纯棉内衣，后者有明显的塑料感，几乎不太吸水，不过也因此比天然衣料速干很多。

一、户外服饰常见天然纤维

（一）棉

棉是全世界最多人穿着且产量最大的天然纤维，吸湿强但干得慢，棉质在低运动量和高温时能充分发挥调节温湿度的能力，在休闲和攀岩服饰中会经常使用。再者，随着近几年环保意识的抬头，"有机棉"开始受到消费者瞩目。

（二）羊毛

羊毛是最常见的保暖用天然动物纤维，其复杂的结构使其拥有多重户外活动所需要的功能：温暖感、抗紫外线、防臭抑菌、超强吸湿性、温控能力、轻微受湿后仍具有保暖效果……但因羊毛纤维直径较大，所以传统的羊毛衫穿起来会"扎"，近几年品质更为细致的美利奴羊毛渐渐流行起来，越来越受到欢迎。

（三）羽绒

羽绒是保暖性最强的纤维，因是绒类，需要在防漏绒的高密织物面料中，以各种间隔形态制成羽绒衣，提高防风蓄热能力。羽绒的吸湿能力和温湿度控制能力极佳，但受潮后会稍微降低蓬松度和保暖性，全湿后保暖性尽失，还会带走大量的体热，所以，保持羽绒的干燥极其重要。

二、户外服饰常见人造纤维

化学纤维大多由石油化工原料制成，所以它几乎不吸水，因此一般来说非常速干，但易产生静电。亲水性较高的有人造纤维 Rayon 和醋酸纤维，最常见的两大合成纤维是 Polyester（涤纶）和 Nylon（尼龙），表3-1为两种材料的户外性能比较。

表 3-1　Polyester（涤纶）与 Nylon（尼龙）性能比较

耐磨性	polyester（涤纶）＜ nylon（尼龙）
重量	polyester（涤纶）＞ nylon（尼龙）
吸水性	polyester（涤纶）＜ nylon（尼龙）
干燥速度	polyester（涤纶）＞ nylon（尼龙）
抗紫外线	polyester（涤纶）＞ nylon（尼龙）仍需靠结构组织及药剂处理
抗菌吸臭	均无，需添加药剂处理及消臭粒子

（一）Polyester（涤纶）/pes（聚酯纤维）

涤纶是用途广泛的人工合成纤维，也是户外用途较多的纤维面料。

（二）Nylon（尼龙）/Polyamide（PA 锦纶）

锦纶是比涤纶贵且含水率高，亲肤性好，通常用于高级内衣、贴身衣物、耐磨的外套和裤子上。

（三）弹性纤维——Spandex（氨纶）/polyurethane（OP 或 PU 聚氨酯）

最早使用的弹性纤维是天然橡胶，但天然橡胶容易老化脆裂，所以只有较好的弹性纤维才是户外服装的首选，最知名的就是杜邦 lycra（莱卡），不过大部分弹性纤维都以 PU 为原料，只是品牌、品质、加工工艺不同而已。由于单根弹性纤维太脆弱无法直接使用，所以往往和其他纤维结合在一起使用。PU 的吸水率极低，同时还可以制成防水透气膜、涂层、操场跑道及人造皮革，用途十分广泛。

（四）Polypropylene（PP、丙纶、聚丙烯）

最早的排汗衣是将超薄的 PP 网布织在天然纤维布料的内层，因为 PP 具有超低含水率的特性，所以湿气外传导的速度超快，但它也同时有易臭和熔点低的问题，在帐篷内不太受到队友的欢迎，且烤火时易被火星熔破，现在很多被涤纶所取代，随着这些缺点的逐渐被改善，现在又重返市场。

（五）Rayon（黏胶）

黏胶是最早被发明的人造纤维，早期存在浸湿后变硬、缩水、生产时需使用高毒性溶剂等缺点，直到制成环保化，同时改善浸湿后变硬不好保养等问题后才大受欢迎，其原料可来自各种天然纤维，各项特征类似棉纤维但更为优异，代表面料有 Tencel（天丝）和 Modal（莫代尔）。

（六）Acrylic（腈纶）

腈纶又称人造羊毛，保暖效果好但易起球，改善后可增加舒适感、排汗，但抗起球性差，常常单独或与羊毛混纺织成帽子、手套、袜子等。

（七）Aramid（芳纶）

芳纶阻燃性极佳，在高温状态下尺寸稳定，是极佳的电绝缘体，易染色、化学稳定性好，有超强的抗辐射性，是最常见的超耐磨纤维，主要用于极端气候环境或耐磨辅助使用上。

（八）Polyethylene（PE、乙纶、聚乙烯）

常见的塑料制品和透明薄膜上都可以看见 PE 的足迹，低密度的聚乙烯常用来生产塑料袋，高密度的聚乙烯则可作为背包的强韧轻量背板。哥伦比亚推出的直接透气防水薄膜 Omni-Dry 就是使用超轻的 PE。

（九）Polytetrafluoroethylene（PTFE、氟纶、聚四氟乙烯）

氟纶是 Core-Tex 的原料，有抗酸抗碱和抗各种有机溶剂的特点，几乎不溶于所有溶剂，耐高温、摩擦系数极低，有润滑作用，至可以作不粘锅、牙线、吉他弦、水管内层的理想涂料。

第二节　功能性面料的种类及技术概念

户外服饰面料主要以功能性面料为主，功能性面料从字面就能理解其含义，即含有防护功能的面料。根据使用环境的恶劣程度主要分为两种，一种是在极端气候环境中使用，如极地探险、雪山攀登、长距离徒步探险、户外攀冰、攀岩等，对面料的防护性能要求非常高；另外一种是较为普通的户外休闲活动，此类布料以休闲时尚为主，讲究做工精细，手感柔软，穿着舒适，适用于短途徒步旅行、野外活动等。根据不同的气候环境所需要的防护种类，功能性面料又可以分为防水透湿面料、速干面料、防风保暖面料、防紫外线面料、防静电面料、抗菌面料、防蚊虫面料、阻燃面料等。

第三节　防水透湿面料

一、防水透湿面料的概念及种类

防水透湿面料是指具有使水滴（或液滴）不能渗入织物，而人体散发的汗气能通过织物的孔隙扩散传递到外界，不致在衣服和皮肤间积累或冷凝，并具有防风保暖的功能性织物。它是人类为抵御恶劣环境的侵害，不断提高自我保护的情况下出现的，集防风、雨、雪，御寒保暖，美观舒适于一身的功能性纺织品。可分物理透湿和功能透湿，主要有以下 4 大类：

① 利用水滴的最小直径与水汽或空气的直径之间的差异来实现，即采用织物的经纬

交织间的孔隙或织物复合物的孔径介于水滴最小直径与水汽或空气的直径之间，达到防水透气的目的。基于这一原理设计的防水透气的织物有超细高密织物、特高密度的棉织物等。这类织物的透气类型属于纱线间孔隙的自然扩散。高密织物由于轻薄耐用、透湿性好、柔软、悬垂性好、防风，广泛用于体育、户外休闲活动服装上。

② 采用微孔高聚物薄膜，使薄膜微孔（微孔直径大约1 nm）的孔径介于水滴与湿气之间，将薄膜与织物复合赋予织物防水透气功能。微孔的产生有多种方式：可通过对薄膜的双向拉伸产生微孔；也可在高聚物上填加填料（如陶瓷）使高聚物与填料之间形成孔隙；也可以通过相分离（聚氨酯的湿法）产生微孔；还可以机械方式利用打孔技术（如激光）使无孔膜形成微孔。

③ 利用高聚物膜的亲水成分提供了足够的化学基团作为水蒸气分子的阶石，水分子由于氢键和其他分子间力，在高湿度一侧吸附水分子，通过高分子链上亲水基团传递到低湿度一侧解吸，形成"吸附→扩散→解吸"过程，达到透气的目的。亲水成分可以是分子链中的亲水基团或是嵌段共聚物的亲水组分，其防水性来自于薄膜自身膜的连续性和较大的膜面张力。用薄膜与织物进行层压或涂层赋予织物防水透气功能。

④ 利用形状记忆高聚物的特性。形状记忆高聚物在玻璃化转变温度 T_g（树脂产生脆性的温度）区域，由于分子链微布朗运动（悬浮微粒永不停息地做无规则运动的现象）而使透气性有质的突变，而且其透气性能随外界温度的变化而变化，即智能化功能，犹如人体皮肤一样，能随着外界温湿度的改变而调节。采用这种形状记忆聚氨酯产生防水透气织物可以采用无孔层压的方式，避免了微孔在使用过程阻塞的缺点，更重要的是织物的透湿气性能可以随着人体温度变化，使其适宜于各种条件下穿着。此种形状记忆高聚物的开发及其在纺织上的应用，对改善涂层织物舒适性具有重要的意义，也是当前防水透气织物发展的重要方向之一。

二、防水透湿贴膜种类

在户外装领域，防水防风层往往采用防水透湿贴膜层压面料以解决外部防水防风与身体产热透湿之间的矛盾，并以之来提高人们穿着的舒适性。防水透湿贴膜层压面料是由普通纺织面料与防水透湿薄膜层压复合而成，集防水、透湿、防风、保暖于一体的功能产品，是目前户外服饰产品中主要的防水透湿工艺，被人们称为"可呼吸面料"或"人类第二皮肤"。防水透湿层压织物的性能与层压复合所选用的防水透湿薄膜的性能之间有很大的关系，根据透湿方式的不同，主要包括斥水微孔薄膜和亲水无孔膜两大类。下面主要介绍常见的e-PTFE斥水微多孔薄膜、PU亲水性防水透湿膜、TPU亲水性防水透湿膜这三种防水透湿膜。

（一）e-PTFE 微多孔薄膜

蒸气分子的直径为0.000 4 μm，而雨水中直径最小的轻雾的直径为20 μm，毛毛雨的直径已经高达400 μm，如果能够制造出孔隙直径在水蒸气和雨水之间的薄膜，就能实现既防水又透湿的效果。美国GORE公司利用聚四氟乙烯（PTFE）与织物进行复合层压后制成防水透湿面料，取名为 Gore-Tex，成为第一家生产出该膜的公司。但是由于 PTFE 具有非常强的化学惰性，几乎没有什么材料可以将它与其他织物很好地层压在一起，第一代面料牢度非常差。后来，经过不断的努力，通过与其他亲水薄膜层压在一起成为复合薄膜，并在膜上进行特殊处理，牢度大大提高（图 3-1）。一般认为，Gore-Tex 面料水压可以达到 10 000 mm，水洗 6 ~ 7 次后水压才有明显的下降；透湿量最高可以达到 10 000 g/（m² · d），但是这并不是刚做出来的面料就能达到这个数值，需要经过几次水洗，将部分胶水洗去，可用孔隙增多，透湿量上升。

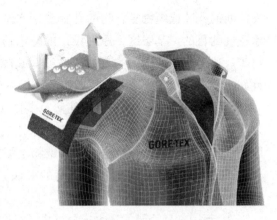

图 3-1　Gore-Tex 面料分解

产品特征：防水，布料的独特构造是由两种不同的物质制成，最重要的是 e-PTFE 薄膜，具有防水功能。在一平方英寸的 e-PTFE 薄膜上有 90 亿个微细孔。而一滴水珠比这些微细孔大 2 万倍，水无法穿过（图 3-2）。在狂风暴雨（雪）下仍可抵抗雨（雪）的进入，做到 100% 绝对防水。透气，每个微细孔又比人体的汗气分子大 700 倍，汗气可以从容穿过布料。防风，由于每一平方英寸上的 90 亿个微细孔不规则排列，使 e-PTFE 可以阻挡冷风的侵入。耐用，e-PTFE 布料可阻止污染物、化妆品和油污的透过，使 e-PTFE 产品具有较强的使用寿命。e-PTFE 布料在低温下性能也不容易发生变化，所以常被用于各种较严酷的环境。

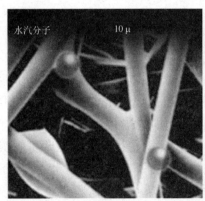
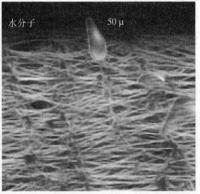

图 3-2　e-PTFE 薄膜原理

e-PTFE 面料可用冷水机洗，加普通洗衣粉，选用正常洗衣脱水程序；脱水后马上风干；如有需要可用蒸汽熨斗以低温，用薄布隔着轻轻压熨；切勿使用热水或浸泡；切勿用漂白水及柔顺剂；切勿干洗；切勿用干衣机烘干并避免于阳光下暴晒。

虽然 e-PTFE 面料防水透湿性能较其他面料出色，但是，也由于其本身的化学惰性，薄膜难以被自然界降解，燃烧温度高达405℃，大规模的应用使得e-PTFE渐渐成为环境的杀手。面对如此难题，如GORE公司建立了称之为平衡工程的废弃服装回收机制以期降低其对环境的影响。

（二）PU亲水性防水透湿膜

PU是Polyurethane的缩写，中文名为聚氨基甲酸酯，简称聚氨酯。PU是聚氨酯，PU膜即聚氨酯薄膜，是一种无毒无害的环保材料，对人体皮肤无任何伤害，并广泛应用于服装面料、医疗卫生、皮革等领域。

产品特征：PU膜弹性佳，轻度高。在防水性上虽厚度极薄（0.012~0.035mm）却有其他材料无法比拟的表现，如可承受10 000 mm水柱以上水压，透湿度属亲水性原理，无微多孔膜易被清洁剂或汗水成分堵塞之问题，利用高科技技术在材料中导入亲水剂使薄膜除了具有高防水性能外更具有极佳的透湿性，人体汗气可以在薄膜间自由穿透（图3-3）。配合纺织业的贴合加工技术，大大提升了其附加价值，现已广泛应用于滑雪服、风衣、防寒夹克、手套、帽子等用途。

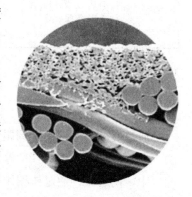

图3-3 PU膜原理

（三）TPU亲水性防水透湿膜

TPU薄膜在PU薄膜基础上开发出来，TPU是热塑型聚氨酯薄膜的简称，属于无孔亲水性薄膜。由于薄膜本身没有孔隙，防水效果自然很好，同时也还使面料防风保暖，透湿主要通过其亲水特性来实现。

产品待性：绿色环保、极好的透气透湿性、防水性、防血污、抗菌、防风且耐寒、防绒、滑爽；耐久性、超泼水整理；易去污整理，可正常水洗。

产品用途：野战军服、消防、军队特用服装；护用品、军队用帐蓬、睡袋及邮政包；登山、滑雪、高尔夫等运动用衣；鞋帽用材、箱包、遮光窗帘、防紫外线伞布；防雨、透气的雨披、休闲风衣。

几种常见的薄膜性能的比较见表3-2：

表3-2 几种常见的薄膜性能的比较

名称	防水结构	原料	优点	缺点
e-PTFE	斥水微多孔膜	聚四氟乙烯（PTFE）	具有超佳的防水、透气的性能，适用范围广，特别是在零下150℃到300℃之间表现出超强的稳定性，能更快把水蒸气排出，保持干爽和舒适。而且具有很强的抗腐蚀、耐强酸和强碱性能，能防护有毒化学物质，e-PTFE的微孔不是一条直的通道，而是通道在膜内结成网状结构，风不能直接通过，遇到阻隔改变方向折回，达到防风效果，同时起到保暖作用，所以e-PTFE是在恶劣环境里使用的理想材料	耐洗性略差，价格较高
e-PTFE +	斥水微多孔膜 + 亲水无孔保护膜	聚四氟乙烯（PTFE）+ PU		

续表

名称	防水结构	原料	优点	缺点
PU	可以做成各类无孔不透气膜、斥水微多孔膜、亲水无孔膜等	聚氨酯	耐水压很不错的材料，将产品面料与之复合在一起，可以做到防水稳定性较好，其高端产品可能有些透湿功能，但效果很不理想。耐用耐水洗性要比 PTFE 强，价格便宜	在较低环境温度时，由于材料性能的不稳定会造成透气性降低，适用范围也随之而降低，适合做便宜的低海拔运动服装
TPU	可以做成各类无孔不透气膜、斥水微多孔膜、亲水无孔膜等	热塑性聚氨酯	在 PU 薄膜基础上开发出来，比 PU 膜在透气、透湿、耐水压方面都有所改善，是替代 PU 膜的一种防水透气膜	

（四）贴膜复合工艺种类

贴膜复合有三种：点贴、转移贴和全贴。

1. 点贴

通过机械作用把黏合剂跟织物和膜复合在一起，此种方法是做高端产品最常用的做法。加工方法有 TPFE、PU 等，具备防水、防风、透湿等功能，主要体现在膜上，具备低、中、高透膜，通过机械作用和织物复合，中、高透膜采用低温（控制 100℃ 以内）热熔胶复合，这样不会破坏膜的功能性，加工出成品具备高数值的防水、耐水压、透湿度等性能指标。膜有透明膜、雾膜、彩色膜等系列。

目前耐水压、透湿度最高稳定指标在 20 000 mm/20 000 g，据说 Gore-Tex 公司膜最高耐水压能做到 40 000 mm/2 000 g 的指标。

复合：有单贴、有两层半贴、三层贴等多种方法。

单贴：织物直接和膜复合。

两层半贴：在织物直接复合膜面做印花或者其他工艺。

三层贴：表面为织物、中间为膜、底布为针织摇粒绒（又称抓绒布）或其他各种针织梭织底布，三层复合。此种复合布最具备保暖功能。

Gore-Tex 膜价格昂贵，除了一些国外大品牌和国内一线品牌用 Gore-Tex 膜为自己品牌做宣传外，一般情况，大多数品牌公司都不会用此膜，确实是价格太昂贵了，同样做出来的户外服装价格也非常贵。

2. 转移贴膜

把黏合剂涂从 PU 膜上转移贴在离心纸上，再通过离心纸面的 PU 膜与织物从复合机上高温（一般控制在 150℃ 以下）复合在一起。

一般是单贴：织物直接和膜复合。

工艺流程：来布检验合格——接布——打成大卷装——上防水——压光（弹力布不压光）——上膜贴合——烘干——定型——成品检验——包装。

3. 全贴

全贴：直接高温把织物、膜和底布复合在一起，这样的方法在浙江绍兴、萧山、海宁、吴江盛泽比较常见，但此种方法是国内中低端户外品牌采用的加工模式，此贴法的结果是具有耐水压、透湿的膜破坏非常厉害，甚至膜都烂了，但剥离牢度好，然而面料的功能性下降严重。此方法的加工工厂也较多，但气味重、甲醛超标、不环保，国内有些低档品牌采用此加工方式，是对消费者极不负责任的。

三、防水透湿面料涂层工艺

防水透湿涂层工艺有以下几种：

（一）PU聚氨酯微孔涂层加工工艺

通过在织物上直接涂层形成聚氨酯微孔膜的方式称为干法涂层。为保证PU微孔膜透湿性能的持久性和稳定性，并提高微孔膜的防水性能，还需在微孔膜表面进行封闭性的涂层处理。使用干法直接涂层方式生产的PU微孔薄膜涂层产品，防水性能和透湿性能几乎接近PTFE膜复合产品的防水透湿性能，但价格和成本都比PTFE膜低很多。

湿法凝固涂层方式：将聚氨酯树脂溶液涂在面料表面，在经过水的凝固浴，使聚氨酯树脂凝固，利用水与溶剂的置换产生微孔，为使湿法微孔膜产品的泼水和防水性能提高，可在树脂表面进行泼水涂层加工。湿法防水涂层面料的手感柔软，湿润。

（二）PU聚氨酯无孔亲水涂层加工工艺

直接干法涂层工艺：这种涂层工艺是将含有亲水基团的透湿树脂添加相关助剂和溶剂调配成适合涂刮的浆料接涂布到各种纺织面料，进入烘箱烘干，形成无孔透湿薄膜，可赋予涂层面料柔软的手感，高的黏结牢度和高的静态水压。透湿涂层面料的耐水性和耐干洗性，与底涂透湿聚氨脂树脂的配方有直接的关系。

干法转移贴膜工艺：将透湿聚氨酯的面涂树脂涂在离型纸上，送入烘干箱烘干，然后利用热贴合工艺，在烘箱后面的干热贴合装置上将面料贴合上去，最后将贴合好的产品从离型纸上剥离下来，熟化24～48 h后加工完成。产品的手感柔软，而且需使用人造革专用的离型纸，所以比直接涂层工艺复杂些。转移涂层工艺生产方式防水透湿面料的一大优点是可生产弹性面料的产品，比如针织面料、网眼面料等。直接涂层工艺与转移涂层工艺比较见表3-3：

表3-3　直接涂层工艺与转移涂层工艺比较表

加工方式	加工形态	优点	缺点	老化状况
直接涂层工艺	类似油漆	较便宜	较不耐久	粉状剥落
转移涂层工艺	类似贴壁纸	较透气、手感柔软	较贵	薄膜与面料整片分离

（三）干法涂层与湿法涂层工艺之比较

干法涂层工艺经过防水①、涂层后，染厂14个物理性能测试指标大部分会提升半级以上，主要下降的是撕裂，经后加工处理可提升。干法涂层目前常做指标比较好的洗后5

---

① 防水：是指织物表面上了一层防水，形成较强防雨水、雪水渗透能力，起到保护的作用（对暴雨、大雨除外）。

次测试，耐水压和透湿度洗后测试在 5 000 mm/5 000 g，若不考虑洗后测，耐水压①洗前也能做到 8 000 ~ 10 000 mm，透湿度②提高不了，国外知名品牌都测洗后指标，国内绝大部分品牌测洗前指标。但干法涂层胶面因其身缺陷较多，如胶条、漏胶、胶粒、手感、胶面克重等各种瑕疵，湿法涂层优点较多，越来越有取代干法涂层的趋势。

湿法涂层只是工艺略有不同。如果不考虑洗后测，耐水压洗前也能做到 8 000 mm。湿法涂层因其 PU 胶面问题非常少，手感较干法柔软些，是越来越流行的趋势。

干湿法涂层面料的功能是具备防水、透湿之功能，就是外面的雨水、雪水进不来，里面的汗气、湿气通过织物排出去。具有超强的挡风、防水、透气性能，能保持人体在户外运动或休闲时的干爽和舒适。

四、防泼水、防水、透湿、透气、防风的概念

（一）防泼水

织物的防泼水特性，系指面料经过防泼水剂特殊处理，其表面可使水滴形成圆珠状，不会产生渗透、扩散而弄湿衣物，达到像荷叶般的防泼水功能（莲花效应）。防泼水加工正是利用这一原理，以各种化学材料在布料表面附着一层超细的"针床"，使布料表面的张力小于水的内聚力，因此水滴落后会形成水珠滚开，而不是摊开浸湿（图3-4）。优秀的防泼水处理对于脏污的防护效果也是很好的，只要用水冲就可以轻松洗掉污渍。如果这层针床结构被压平或遭油污覆盖渗入，面料的防泼水能力就会大幅度降低，甚至开始吸水。所以，高档的面料则经

图3-4　防泼水处理后水泼洒在面料上的效果

过具有超耐久的防泼水处理。冲锋衣为何要进行防泼水处理呢？因为面料表层吸水后不只会降低服装衣着系统的保暖度，在湿透后则会形成一层阻挡空气进出的水膜，让透气雨衣变得和塑料雨衣一样不透气而且返潮，使穿着者感到极度闷湿难受，所以冲锋衣要做防泼水处理，这种功能性处理在第九节还要具体介绍。

（二）防水

防水是防止水分子渗入的功能性处理，现在的防水处理往往采用防水膜来阻止水分子渗入，但薄膜本身过于脆弱，所以要依靠表布、薄膜、内里相互配合才能达到防水的功能。防

---

① 耐水压：是指单位面积承受水压强力，在标准实验室条件下，用蒸馏水往织物喷淋，并记录水最大值，如耐水压 5 000 mm，即单位面积最大可承受 5 m 压力而不会发生渗漏。

② 透湿度：指在一定的标准实验室条件下，使试样的两侧形成一特定的湿度差，水蒸气通过试样进入干燥的一侧，通过测定透湿杯重量随时间的变化量，从而求出试样的水蒸气透过率等参数。

水能力用抗水压值来表示，即以固定面积的防水布阻挡持续上升的水压，当表面渗出第三滴水珠时即为该面料的抗水压值，通常超过 1 000 mm 就可以达到最基本的防水能力，这个数值越高越好，因为防水薄膜会随着洗涤而降低抗水压能力。在户外活动中，由于背包压迫、膝盖弯曲、坐在地上滑行等都会提高外界水压，所以超过 3 000 mm 是必要的。

（三）透湿

透湿专指间接透气防水薄膜所提供的功能，而不说透气，因其是两种不同的透气机制，虽然最终都能让汗气穿过面料往外界散发。透湿需等汗气被亲水无孔膜吸收在内部成为汗水分子并以微布朗运动的方式，受服装内外湿度压力差的影响而往薄膜外部移动，再转变为气体穿过表布排出，所以被称为间接透气。

（四）透气

透气在防水透气膜中专指斥水多孔防水薄膜所提供的功能，透气是让气体直接穿过"斥水多孔膜"的空隙，由于速度较快所以称作直接透气。

（五）防风

只要是面料都具有一定的防风功能，面料织得越紧密防风能力越强。透气性不好的其防风能力一般较强。

五、主要的防水透湿面料比较

防水透气材料，在古老的中国有一大堆作品，油布伞是一个代表产品。现在所使用的防水透湿产品面料主要是由涂层和贴膜复合组成，无论是 PTFE 还是 PU 膜，都是通过本身薄膜来做到防水的功能。但如果只是防水，不如披上透明塑料布，强度也大，还廉价。那么透气就是防水透湿面料的关键特性，特别是在高寒地带运动时，当人体静止时，由于运动产生的汗液会带走大量的体热，是非常危险和可怕的。

几种防水层结构比较见表 3-4。

表 3-4　几种防水层结构比较表

防水结构	防水膜材质	透气方式	优点	缺点	代表面料
无孔不透气	PVC、PU	无法透气	便宜、不吸水	闷湿易臭，最为速干	雨衣 耐用性低
斥水微多空膜	PU、ePTEE	直接透气 PE、PP 等多种材质	较舒适干爽，透气度排名第三	孔隙易阻塞，需要经常清洗，经抗油污处理后价格较贵	eVent、Omni-dry、Breeze dry-tec、Windstopper、Polartec Neoshell
亲水无孔膜	PU	间接透气或称为透湿	不怕盐、油脂、有便宜到贵的多种选择，弹性较好	两阶段透气较慢	Toray Dermizax 多数版本
斥水微多空膜＋亲水无孔保护膜	透气 PU 或 ePTEE ＋透湿 PU	间接透气或称为透湿	抗风性比斥水微多空膜好，不怕盐与油脂，较为耐用	两阶段透气较慢	Gore-Tex 各版本、Toray Entrant 多数版本

防水结构	防水膜材质	透气方式	优点	缺点	代表面料
防水棉	埃及长绒棉做紧密编织	直接透气，最透气	最透气的防水材料、耐磨	价格高且抗水压不高	始祖鸟的 Ventile、Etaproof
防渗抓绒 + 风衣	风衣布 + 防渗抓绒	直接透气，六种中透气性仅次于防水棉	兼具保暖效果	厚重适合低温	Nikwax Analogy、Furtech

第四节　吸湿排汗面料

近年来，人们对服装面料的舒适性、健康性、安全性和环保性等要求越来越高，随着人们在户外活动时间的增加，休闲服与运动服相互渗透和融为一体的趋势也日益受广大消费者的青睐，这类服装的面料，既要求有良好的舒适性，又要求在尽情活动时，一旦出现汗流浃背情况，服装就会粘贴皮肤而产生冷湿感。于是对面料提出了吸湿排汗功能新要求。众所周知：天然纤维以棉为例，其吸湿性能好，穿着舒适，但当人的出汗量稍大时，棉纤维会因吸湿膨胀，其透气性下降并粘贴在皮肤上，同时，水分发散速度也较慢，从而人体造成一种冷湿感；合成纤维以涤纶为例，其吸水性小，透湿性能差，由于其静电积累而容易引起穿着时产生纠缠的麻烦，尤其在活动时容易产生闷热感。在满足社会日益增长的衣着方面，合成纤维早就担负起了重要角色，其中以涤纶纤维为主，自工业化以来，从未间断进行涤纶纤维的改性研究，当然，提高涤纶纤维的吸水和透湿是各国涤纶纤维生产和科研部门最为关心的研发方向。

一、吸湿排汗面料的概念及种类

下面我们按纤维——纱线——织物——后整理的流程，对每一阶段中影响织物吸湿排汗性能的因素与种类做总结和分析。

（一）吸湿排汗纤维介绍

吸湿排汗纤维是利用纤维表面微细沟槽所产生的毛细现象使汗水经芯吸、扩散、传输等作用，迅速迁移至织物的表面并发散，从而达到导湿速干的目的。有人将吸湿排汗纤维称为"可呼吸纤维"。吸湿排汗纤维是一类着眼于吸湿、排汗特性和服装内部舒适性的功能纤维。

1. 共聚、共混、复合纺丝法

通过在聚合时加入含有亲水基团的化合物，或与这一类化合物进行共聚、共混来改善疏水纤维的吸湿性。如由日本可乐丽（Kuraray）公司开发的 Sophista 纤维，是利用复合纺丝的方法，制成双组分皮芯型的复合纤维。该纤维的表层为具有亲水性基团，芯层为聚酯纤维。由于亲水性基团的存在，汗水很快被纤维表面吸收并扩散出去，芯层的聚酯几乎不吸湿，织物不会粘在身上。日本东洋纺公司还研究开发了 Ekslive 纤维，通过将聚丙烯酸酯粉末与涤纶混合纺丝获得很高的吸湿性，在 20℃ 和相对湿度 65% 的标准状态下，它的吸湿能力约是棉的 3.5 倍，羊毛的 1.7 倍，放热能力是羊毛和羽绒的 2 倍左右。

2. 微孔型、截面异形的纤维

微孔型纤维的制备可以通过共混纺丝后碱溶法或独特的后拉伸技术使纤维表面结构产生微孔。例如美国杜邦（DuPont）公司 1986 年研究开发的吸湿排汗聚酯纤维 Coolmax，截面形状呈"＋"型，又是中空纤维，由于这种独特的物理结构，纤维具有吸湿排汗作用，使皮肤保持干爽和舒适（图 3-5）。台湾中兴公司开发的 Coolplus 纤维截面也呈"＋"型，纤维表面形成细微沟槽，同时添加特殊的聚合体，利用该材料溶解性的差异，赋予纤维无数细微孔洞。通过这些细微沟槽和细微孔洞产生的毛细现象，将肌肤表层排出的湿气与汗水瞬间排出体外，从而使肌肤保持干爽与凉快。仪征化纤股份有限公司开发、生产的 Coolbst 吸湿排汗聚酯纤维，是具有"H"形截面的高吸放湿聚氨酯纤维。聚氨酯纤维由于其良好的弹性而被广泛地应用于各项运动服装中。日本旭化成（Asahi Kasei）公司首创的高吸放湿聚氨酯纤维，其特点是吸湿量大，且放湿速度快，能迅速地把蒸汽和汗液向外释放，保持舒适感。细旦丙纶纤维所特有的性能是"芯吸效应"，丙纶单纤维愈细，这种芯吸透湿效应愈明显，且手感越柔软。如果在纺丝过程中添加防紫外线物质或抗菌物质，这种纤维织成的面料非常适用于制作登山、徒步旅行等户外活动的运动装。

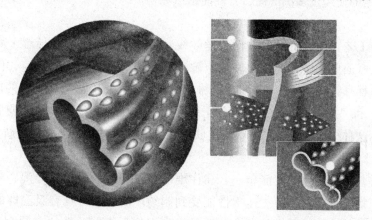

图 3-5　coolmax 四沟槽异形吸湿排汗纤维截面

（二）吸湿排汗纺纱的种类

开发和运用吸湿、导湿性能好的纱线也是开发吸湿排汗速干凉爽织物新品种的重要途径。目前国内外常见的具有吸湿排汗速干功能的纱线主要有三大类：短纤纱线、长丝纱线和复合纱线。

1. 短纤纱线

选用专门开发的异形导湿纤维，利用其异形断面在纵向形成的特殊沟槽产生超强的虹吸现象，将人体汗水迅速吸收、传输，而达到速干的效果，使纱线与肌肤接触时倍感干爽柔软与舒适。同时，高异形度的纤维断面结构及蓬松的纱线结构，使由导湿纤维纺制的纱线的透气性大大增加，运动者穿着时不会有湿闷、贴身的感觉，能始终保持织物与肌肤间的干爽，达到快速吸湿排汗、提高舒适性的目的。既可以直接纯纺加工生产纯纺纱线，又可以与棉、毛、丝、麻及各类其他纤维混纺生产混纺纱线，以适应不同的用途。表 3-5 是 Coolplus 短纤纱生产的织物与其他纱线构成的织物之间吸湿排汗性能的比较。显然，Coolplus 具有良好的吸湿排汗速干功能。

表 3-5　Coolplus 和其他纱线的纤维性能比较

织物种类	湿气调节性	透气性	易处理性
Coolplus	扩散能力与干燥效率高于棉 12%～74%	良好透气性	易洗速干防缩
棉	吸汗、粘贴湿冷	纤维吸湿后透气性下降	收缩、歪斜
聚酯	不吸汗	闷热湿贴	易洗速干
尼龙	不吸汗湿冷	闷热湿贴	易洗速干

美国 Ptimer 公司开发的 Dri-release 高性能纱线，具有常规纱不具有的特殊优点。它用微混法纺纱，即在涤纶中混入少量棉纤维制成纱线，使棉和涤纶各自的优点发挥到最大限度，使其具有棉的手感，穿着舒适，不变形。少量棉能将汗水从皮肤表面吸入织物中，而这种纱线中含有的涤纶又具有良好除湿作用，而将汗水转移至织物表面，所以 Dri-release 纱线具有特殊的放湿性能。在多次洗涤之后，常规的纱线通常会丧失放湿性能，而 Dri-release 纱线即使经过多次洗涤，其性能依然如初。

2. 长丝

通过后纺工艺直接加工异形截面长丝纱线，省去了纺纱过程。导湿干爽型涤纶长丝通过改变纤维截面形状增大单纤之间的空隙、增大表面积及毛细管效应，使其导湿性能大大提高。由杜邦特许制造的 Fineeool 纤维是中国方圆化纤有限公司开发的产品，纤维截面为"四叶"和"五叶"型。其吸汗和干燥性能比传统的聚酯快，从而使服装内层保持干爽。同时，这种结构也减少了材料与皮肤的接触面积，感觉更加凉爽清新。

3. 复合纱线

一般来讲，导湿纤维的性能单一，往往难以兼顾纤维的吸湿、导湿、放湿三项性能指标，而使织物的吸湿、排汗、速干性能受到制约。所以，将具有吸湿性的纱线和具有导湿放湿性能的纱线纺制而成的复合纱线是提高织物干爽舒适性的有效途径。可以选用不同种类的纤维、纱线或长丝，利用先进的纺纱技术，通过构造不同层次的纱线截面来开发具有不同导湿性能的新型导湿干爽复合纱线。目前已开发的导湿干爽复合纱线主要有 3 种。

① 包覆纱。将长丝和短纤维按照使用的要求，形成表芯结构，以达到特殊的使用效果。Firacis 纱线就是典型代表之一，它是一种新型复合短纤纱，采用新型纺纱工艺将一种特殊的聚酯长丝附着在优质长绒棉的外部，由于纱线表面几乎全由聚酯长丝包覆，纱线几乎不起毛、细度均匀、富有光泽，具有常规短纤纱所不具备的如丝般光滑手感和足够

的悬垂性。这种纱线综合了长丝纱线的触感以及优质棉的外观和特有性质，即使大量出汗也能显著降低潮湿感，几乎不粘身。具有极佳的汗液吸收和散逸性能，速干性好，洗后不易变形、形状稳定性好。

②并捻纱线。将具有不同吸放湿功能的单纱或长丝通过并捻的方式，加工成并捻纱线。可以获得同时具有吸湿、导湿和散湿功能的纱线。如将具有吸湿性的棉纤维单纱和具有导湿放湿性能的Coolrnax长丝捻合成并捻复合纱线，便能获得兼具吸湿、排汗、速干性能的纱线。

③多层结构复合纱线。采用不同形态或不同种类的纤维，利用先进的纺纱技术，使纱线具有多层结构。如COOL&DRY复合纱，它是模拟热生理学的"热转移现象"而开发出来的一种三层结构的复合短纤纱，其芯纱为粗旦聚酯长丝，中间层为超细聚酯短纤，外层为聚酯长丝。可用来在运动中和运动后调节体温，有助于在运动中通过散热、空气流动和透气控制体温，减少运动后散热，极少粘身，更不会因出汗而妨碍运动。

由日本东洋纺公司所开发的多层结构纱，其纱线最内层为疏水性长丝，中间层为亲水性短纤维，最外层用疏水性复丝包覆而成的三层结构复合纱。可有效控制由于大量出汗引起的粘贴感和凉感。

然而，值得注意的是，复合纱线的毛细芯吸效应与捻度之间关系密切。复合纱线的毛细芯吸高度与捻度之间存在一个临界捻度，在小于临界捻度的范围内，毛细芯吸高度随着捻度的增大而增加，超过临界捻度之后，毛细芯吸高度随着捻度的增大而减小。在吸湿排汗速干凉爽性产品开发生产中，可通过选择最优的捻度设计，对复合纱线的吸湿、导湿、放湿性能进行预测和控制。

复合纱线的加工方法不同，则纱线结构不同，纱线中两种或两种以上纤维之间存在的毛细管数量和纤维沿纱线轴向的排列也不同，所以复合纱线的吸湿、导湿、放湿性能也会存在显著差异。

（三）吸湿速干织物结构特点

目前有关导湿速干织物的研究报道层出不穷。但究其根源，其导湿速干原理可分为两类：一类是通过汗水在织物平面内快速扩散，增大汗水的蒸发面积，实现织物的导湿速干；另一类是通过毛细效应，将织物内层的汗水吸到织物外层，由织物外层蒸发，实现织物的导湿速干。

1. 单层单向吸湿排汗速干织物

利用织物组织结构，结合不同亲疏水性能经纬纱线的适当搭配，可以构造出单层单向吸湿排汗速干织物。通过对含不同疏水性纤维织成织物的吸湿性、透湿性、干燥性的系统比较研究发现，当织物中含有一定量的疏水性纤维时，织物的吸湿能力虽有小幅度下降，但不足以影响织物的吸湿性；而织物的透湿能力，干燥能力均有大的提高，且这种效应随着织物中疏水性纤维含量的增加有增加的趋势。上述性能的变化与纱线的皮—芯结构密不可分，当疏水性纤维的含量达到50%时，因织物表面疏水性纤维含量偏高而使织物的润湿能力有所降低。此外，织物正反两面的亲疏水性能差异大，则织物两面之间形成的导湿梯度大，有助于水分的单向导出，织物的单向导湿能力就越强。

2. 多层吸湿排汗速干织物

表层采用较细的毛细管的细特纱，里层采用较粗毛细管的粗特纱，则表层的毛细管引力比里层的大，构成表层与里层的临界面上存在这样的引力差异，使液体从里层吸到表层，如 Nike 的 Sphere 系列面料，采用独特三维编织结构和功能面料相结合。内部形态类似细胞，每个独立单元可以是圆形或六角形，贴近皮肤处采用吸汗性能极佳的纤维，外部为微孔排汗面料。穿着时，内层凸起结构保证流汗时绝不粘身，提供极强排汗透气功能（图 3-6）。

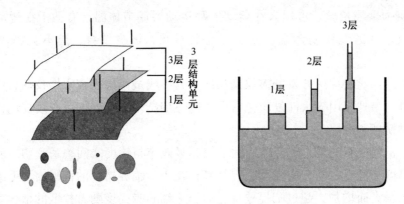

图 3-6　多层吸湿排汗速干织物排汗示意图

（四）吸湿排汗服装的后整理

随着后整理技术的迅速发展，各种功能性面料应运而生，服装面料的附加值相应得到了提高，也进一步拓展了服装的使用范围。针对服装湿热舒适性，目前常见的是对面料进行吸湿排汗速干整理，以改善面料的吸湿排汗速干性，解决当人体出汗时排汗困难、闷热不舒适的缺点。常见的吸湿排汗整理剂有 TF-620、GX-12 亲水整理剂、汽巴精化的欧特菲 HSD、4 Ciba ULTRAPHIL HSD 吸湿排汗整理剂、吸湿排汗柔软剂 XL-F02。

二、主要的几个吸湿排汗面料品牌之间的比较

早在 1982 年初，日本帝人公司就开始研究吸水性涤纶纤维，其研制的中空、微多孔纤维在 1986 年申请了专利。1986 年美国杜邦公司首次推出名为"Coolmax"的吸湿排汗涤纶纤维，由它制成的衣料，洗后 30 min 几乎已完全（98%）干燥，夏季穿着能保持皮肤干爽。1999 年杜邦公司结合研发的低药剂量用速干特性的专利技术，推出升级换代 Coolmax Alta 系列布料。与此同时，我国台湾一些纤维生产厂商也相继投入了吸湿排汗涤纶纤维的开发以及其相关吸湿排汗功能的产品开发。

现将主要吸湿排汗聚酯纤维的生产厂与商品名称列表 3-6 所示。

表 3-6 主要吸湿排汗聚酯纤维的生产厂与商品名称列表

生产商	商品名	纤维截面
杜邦	Coolmax	+
	Coolmax AlD	+
东洋纺	Triactor	Y
	Eksilive	
仑敷螺萦	Panapack QD	T
南 亚	Diliht	
华 隆	Coolon	
中 兴	Coolplus	+（Y）
新 光	Cooltech	+，Y
力 丽	Setoter	
豪 杰	Technofine	w
	DryFil	+
远 东	Topcool	+（CDP，短纤）

当前吸湿排汗聚酯纤维品种已形成功能性系列化，以我国台湾中兴纺织生产的 Coolplus 产品为例，其系列商品如下：

Coolplus 吸湿排汗纤维；

Coolplus II 吸湿排汗抗起毛起球；

Coolplus Skintect 吸湿排汗抗紫外线；

Coolplus Freshplus 吸湿排汗抗菌防臭；

Coolplus Whileplus 吸湿排汗超白；

Coolplus Micro 吸湿排汗细旦；

Coolplus CD 吸湿排汗双色调；

Coolplus Black 吸湿排汗黑色；

Coolplus XO 吸湿排汗异型异纤度。

其中 CooIplus II 又有 POY 长丝（115 D/48 F、210 D/96 F）、变形丝 PTY（75 D/48 F、150 D/96 F）、短纤（1.4 d/38 mm）和 20 支（短纤纯纺）30 支（T/C）、40 支（CVC）纱等品种。

目前，吸湿排汗聚酯织物主要用于运动服、休闲服、内衣、外套、袜类、手套、胸罩、护膝、帽子、毛巾等方面，而吸湿排汗纤维将在运动服和休闲服上获得充分应用的机遇。

在进行吸湿排汗户外服装的产品设计时，要综合考虑户外运动对象的运动量、外界环境的温度变化，比如在低温环境下进行低运动量的户外钓鱼活动时，选择天然的羊毛衣物就远远适合于透气的化纤排汗布（表 3-7）。

表3-7 不同运动状态下各种常见纤维的排汗功能的对比选择

气温 \ 运动量	低运动量（静态或散步等轻松无负担的运动）	中运动量（慢速骑车、下楼等有氧运动）	高运动量（上楼、慢跑、等进入无氧运动状态）
高温 >25℃	薄棉织物	棉与化纤混纺	薄而透气的化纤吸湿排汗布
中温 15℃~25℃	天然纤维衣物	稍厚的化纤吸湿排汗布	薄而透气的化纤吸湿排汗布
低温 <15℃	羊毛织物	羊毛/化纤混纺	稍厚的化纤吸湿排汗布

另外，不同面料纤维其价格、面料的干燥速度、温湿度控制力、保养洗涤的方便性等因素也会影响设计时的选择（表3-8）。

表3-8 不同面料纤维的价格、功能特性、保养洗涤的方便性等因素比较

常用面料纤维	售价	干燥速度	抗菌防臭	温湿度控制力	抗紫外线	单位重量的保暖能力	保养洗涤的方便性
polyester	1	1	4	4	3	4	1
nylon	2	2	3	3	4	3	2
羊毛纤维	4	4	1	1	1	1	4
化纤与羊毛混纺	3	3	2	2	2	2	3

注：数字1代表最好，2为次之，以此类推。

第五节 户外保暖材料

一、保暖材料的种类

保暖层最常使用的天然纤维是羽绒，因为它是世界上保暖重量比最高的纤维，羊毛则是早期登山者的最爱，但因为它价格过高且纤维偏重又不够速干，已渐渐被人造纤维制成的抓绒衣所取代，保暖层使用的化纤都是 Polyester，因为其产量最大，成本最低，只要使用适当的织造方法和后处理技术，不论是抓绒或化纤填充材料都能发挥较好的保暖性能，保暖层常见纤维的性能与价格比见表3-9。

表3-9 保暖层常见纤维

	同级款式价格	单位重量保暖性	等重款式蓬松度	湿后保暖能性	透气程度	温湿度调节性	耐磨损程度	保养洗涤方便性	纤维材料寿命	压缩收纳程度	触感舒适度	活动方便程度
抓绒（以 polyester）	4	3	3	3	1	3	1	1	3	3	1	2
羊毛纤维	3	4	4	2	2	2	2	3	2	4	2	1
羽绒填充	1	1	1	4	3	1	4	4	1	1	3	3
化纤填充	2	2	2	1	4	4	3	2	4	2	3	4

注：数字1代表最好，2为次之，以此类推。

二、抓绒面料

(一) 一般概念

抓绒面料在纺织行业有很多不同的称谓，如抓毛绒、拉毛绒，经编绒布，摇粒绒等等。主要是通过经编机、大圆机织造出的坯布经过拉毛、梳毛、剪毛、定型等后整理工序就得到了最终的抓绒产品，还有些抓绒产品经过了防静电、防泼水、防紫外线、柔软性等整理工序。

摇粒绒面料其实也是抓绒面料的一种（图3-7），只是在坯布的整理过程中增加了"摇粒"工序，使用专门的摇粒机整理。户外服装中所称的"抓绒"面料中有较多的都是摇粒绒面料。根据服装生产的需要抓绒面料有单刷、双刷、单刷单摇、双刷单摇等区分，户外服装采用比较多的是双面抓绒（图3-8）。

图3-7　摇粒绒面料

图3-8　双面抓绒

抓绒面料主要采用涤纶纤维织造，由于棉纤维织造的抓绒面料很容易起球，所以只有少量的应用和混纺用。用以织造抓绒面料的涤纶纤维有长、短丝之分，一般情况下涤纶长丝使用得比较多。涤纶纤维具有强度高、耐磨、耐酸碱、耐高温、质量轻、保暖性好、不怕霉蛀等特点，但涤纶面料产生的静电较大。

抓毛绒面料一般用"×××D/×××F"和面密度来表示。D是化学纤维长丝的纤度单位，纤度是指9 000 m长的纤维或纱线在公定回潮率时的质量克数。D前面的数值越大就表示面料的纱线越粗（面料越厚重），反之面料纱线就越细（面料越轻薄）。F是涤纶长丝（Filament）的简写。意思是一根纱线由"×××"根单纤维线组成。F数值越高，纱线的质量就越好，当然价格也就越贵。F数值一般有36、72、96、144和288等规格。比如说一件抓毛绒或者摇粒绒面料标有150 D/288 F数值，这就说明面料织造采用的是涤纶长丝是由288根单纤维丝组成丝线，面料相对较厚，且相当柔软，手感也就相当好。一般来说采用了144 F数值以上的抓毛绒就属于超细面料，比较高档了，这也就是大家平时见到比较多的所谓"超细抓绒"的由来，下面大家可以比较图3-9～图3-11之间差别。

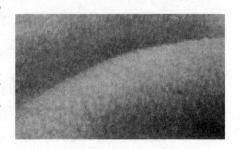

图3-9　96 F抓绒

图 3-10　144 F 抓绒

图 3-11　288 F 抓绒

面密度是指每平方面料的重量，常见的面密度有 $100\sim300$ g/m²，100 指面密度在 $100\sim200$ g/m² 之间的抓绒，同级别的抓绒保暖度通常较为接近，只有少数贴膜或长抓绒版本会比较厚重的保暖，所以面料面密度和服装总重量越低，但又能提供更好保暖度就属于优质抓绒。羊毛的面密度超过 250 g/m²。

另外，有些抓绒面料是由异型、超细等纤维织造而成的，这样的面料比较轻，吸湿、保暖性等性能较强。

抓绒面料结构众多，大致可以分为一般抓绒、抗风抓绒、防风抓绒 3 大类，其中，一般抓绒非常透气，因为它的基地网布织得非常宽松，连走路摆手都可以感觉到冷风灌入，此类抓绒衣需要外穿一件防风外套才能发挥抓绒面料的保暖性；抗风抓绒织得更为紧密，可以提高在微风下的保暖度，虽然增加了保暖感受和气候抵抗能力，但因此也变重不少，携带不如前者方便；中间贴合 Windbloc 和 Windstopper 防水膜的防风抓绒可能会搭配各种表布和里布，所以外观、重量、保暖度

图 3-12　复合了防风透气薄膜的
防风性抓绒

差异较大，这两种薄膜最大的差别在于前者弹性较好，后者较为透气，但都可以抵抗高达 100 km/hr 的狂风，缝份处通常没有防水条所以无法完全防水，图 3-12 为复合了防风透气薄膜的防风性抓绒。

（二）抓绒面料产品之一——Polartec 面料

Polartec，抓绒的一种，是美国 Malden Mills 公司推出的纺织品材料。迄今为止是户外市场上最受欢迎的抓绒产品（图 3-13）。

1979 年，超过百年历史的美国 Malden Mills 发明了全球首块摇粒绒（Fleece），将其命名为 Polartec Fleece。经过不断改良及发展，现在 Polartec 产品系列已有超过 200 种不同面料，并

图 3-13　Polartec 标志

被《时代周刊》及《福布斯》杂志誉为世界上 100 种最佳发明之一。Polartec 比一般的抓绒衫轻、软、保暖性好，而且不掉绒。它干得也比较快，而且伸缩性也不错。Polartec 分轻量级、中量级和重量级。100 系列的为轻量级，适合做抓绒裤。200 系列最常见，保暖性比 100 系列好，又没有 300 系列那么重。300 系列保暖性最佳，适合极端环境，重量上也较重。

在 Soft Shell 之后，Polartec 进入了 Hard Shell 领域。在 Polartec Aqua Shell 系列中，Malden 研发了一系复合面料。这个新系列采用防水透气的杜邦公司 Aquator 薄膜，面料有二层及三层选择，并富有弹性。Aqua Shell 面料可使用贴条，达到彻底防水功能。现在所有品牌都可以设计百分百使用 Polartec 面料的三层服饰。加上现有的 Hard Shell 系列，Polartec 产品是真正完全可应用于底层、保温层及外层衣服的面料，从而体现了 Polartec 品牌在户外服装领域中的强大领导地位。

Polartec 作为目前量产抓绒中整体性能最好（当然也是最贵的）的面料，Polartec 分为以下几个系列：

1. 保暖系列产品

① Polartec Classic 100：

主要用于内衣、帽子、手套，厚度大致相当于羊毛衫。由于编织得的更加致密及 Malden Mills 公司神秘的后处理工艺，Polartec Classic 100 的保暖性明显好于一件普通羊毛衫且更加柔软舒适，有一定弹性。压缩性能较好，以下都是以它做参考来比较压缩性能。另外，现在一些品牌的产品中出现的 "Classic Micro" 也是从 Polartec Classic 100 演变出来的一种更加轻薄的抓绒。

② Polartec Classic 200：

保暖层的主力产品，广泛运用在中层保暖、帽子、手套甚至是袜子。其保暖性以个人的实际使用体会，穿在冲锋衣内，5℃以上很舒服，压缩性能一般，无明显弹性，如果经过相应的后处理工序会拥有一定的防泼水能力，手感柔顺。但是需要注意的是，由于不同品牌商所使用的同一型号面料的产地有所不同，会造成面料手感及成衣实际使用感受上的微小差异，所以一般名厂的更好，这也是相同材料不同品牌价格差异的主要原因之一。

③ Polartec Classic 300：

这种抓绒非常厚实，保暖性能相当于一件轻薄的羽绒内胆，一般用于中层保暖层。使用 Polartec Classic 300 的服装多用在长时间处于严寒环境的户外运动。但是由于其很差的可压缩性，已经逐渐被另一种性能更好的抓绒面料所替代，因此现在使用这种面料的产品已经不是很多。如果将多种抓绒面料放在一起对比就会发现，Polartec Classic 系列虽然已经出现多年，但随着加工工艺的不断改进，其表面处理的水平还是各抓绒品牌中最好的。从目前已经公开的技术看，Polartec 公司会将原本已经可以作为成品出厂的摇粒绒再次进行梳理剪绒，从而使成品面料的表面达到异乎寻常的平整（图 3-14、图 3-15）。

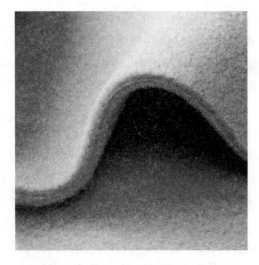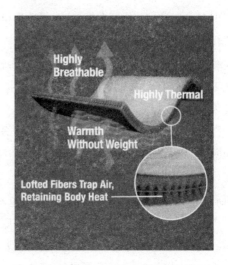

图 3-14　Polartec Classic 300 面料　　　　图 3-15　Polartec Classic 300 面料原理

④ Polartec Classic Pro：

因为其表面处理的工艺千奇百怪，Thermal Pro 是抓绒里面品种最多的。面料厚度很多、品种也花样百出。例如早期最常见的双面长毛绒 Thermal Pro，是经过双面超长拉毛处理辅以简单梳理剪绒，以达到模仿动物皮毛保暖作用；而另一种常见的"方格绒"Thermal Pro 是在纺织面料时按照特定间距织入不同强度纱线，经过抽丝处理形成表面"方格"效果，再辅以不同程度的梳理剪绒以满足不同客户对面料的要求（图 3-16、图3-17）。所以表面经过不同处理工艺的 Thermal Pro 厚薄不一。选择时需要注意其每平方米克重，保暖还是离不开厚度。Thermal Pro 系列相对于 Polartec 的 Polartec Classic 而言，利用更加繁复的拉毛工艺使得抓绒面料内"隔绝"的空气更多，在面料纺织过程中还能够相对使用更少的纱线。因此在保暖性、压缩性能上的表现更加出色，重量也更轻。同时因为其各项性能超群，运用范围已有超过 Polartec Classic 全系列的趋势，广泛出现在服装、手套、帽子各领域。

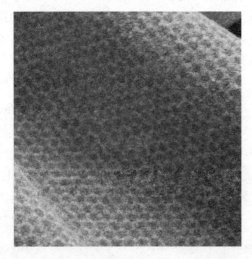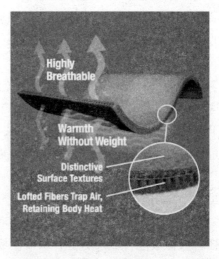

图 3-16　Polartec Classic Pro 面料　　　　图 3-17　Polartec Classic Pro 面料原理

⑤ Polartec Power Dry：

Polartec 是作为一种速干材料开发出来的。这种面料里面是一层小方格的细绒，厚度比羊毛衫略薄，弹性很好，触感舒服，有很好的压缩性能（图3-18、图3-19）。因为功能性的重点放在了吸湿排汗，所以不如 Polartec Classics 100 保暖。一般作为内衣，也有作为手套的，但是很少见。

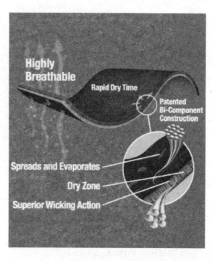

图3-18 Polartec Power Dry 面料　　图3-19 Polartec Power Dry 面料原理

⑥ Polartec Power Stretch：

这是一种高弹性的抓绒面料，同上面提到的 Power Dry 一样，常用于内衣材料，也经常用于需要高弹部位的拼接，厚度相当于羊毛衫。一面光滑，另一面是细小的绒毛，可以两面穿着，光面贴身吸湿排汗的效果更好、绒面贴身更加保暖（图3-20、图3-21）。

图3-20 Polartec Power Stretch 面料　　图3-21 Polartec Power Stretch 面料原理

2. 防风系列产品

① Polartec Wind Pro：

压缩性能尚可，好于 Polartec Classic 200 的抓绒，但不如 Thermal Pro，防风性能比一般抓绒稍好，但是不会用它作为防风衣来穿。绒在外，不宜单独外穿（图3-22）。

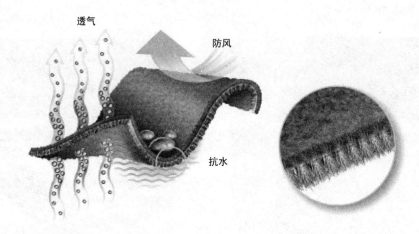

图3-22 Polartec Wind Pro 面料原理

② Polartec Power Shield：

依靠面料外层复合的尼龙面料能够达到非常好的防风效果。这种面料外面光滑，里面短绒，绒的厚度与 Polartec Classics 100 差不多，有弹性和良好的防泼水能力，防风感觉与尼龙类防风材料差不多，没有复合薄膜的产品防风性能好，压缩性能一般（图3-23）。

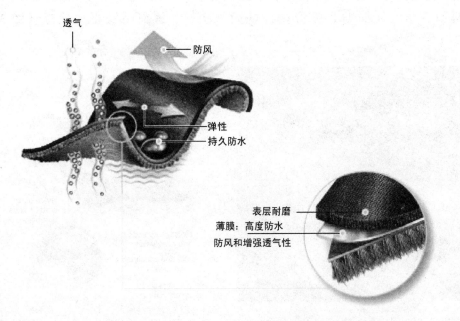

图3-23 Polartec Power Shield 面料原理

（三）抓绒面料产品之二——贴合 **Windstopper** 防水膜的防风抓绒

Windstopper 是 Gore-Tex 公司开发的专业防风超低重量的薄膜，可以彻底阻隔风的侵入，防止身体热量流失，而且其高度透气功能，可令使用者保持清爽舒服，能避免因大风而失温。在防风抓绒产品中多采用此种薄膜（图 3-24）。

Windstopper 能做出不同种类的产品，以供不同气候使用。常见的 Windstopper 抓绒系列，轻软保温，适用于寒冷天气。而 Windstopper 面布系列，其轻巧布身，用于较暖和的天气。

图 3-24　Gore-Tex 公司 Windstop-Per 产品标志

1. 贴合 Windstopper 防水膜的防风抓绒的特点

① 持久防风性：

许多产品都是通过在服装表面加上一层涂层以达到防风效果，而这层涂层又大多是不耐用的，还大大降低了服装的透气性。而 Windstopper 面料得益于戈尔公司创新的超轻薄膜技术，不仅耐用、透气，而且在服装的整个寿命期能够完全防风。Windstopper 意译为"止风者"。

② 高度透气性：

Windstopper 面料不仅具有防风性，还具有高度透气性。它可以抵挡风寒，阻止其穿透衣服而影响身体的微气候。同时它具有高度透气性，无论进行什么运动，它都能保持干爽和舒适（图 3-25）。

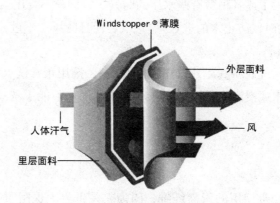

图 3-25　防风抓绒透气原理

2. Windstopper 产品的基本类型

① 用作毛衣、长裤和休闲装的防风衬里。在寒冷的天气里，有了这种防风衬里，就不用穿夹克，而使穿着更为简便。

② 制作外套、手套、头饰和其他饰物的防风抓绒。在寒冷、刮风的天气状况下，此种抓绒比普通抓绒暖和 2.5 倍（图 3-26）。

③ 制作有氧运动和休闲装的防风外套。它们可以将运动时产生的热量损失和汗气凝

结程度降至最低，并降低寒风的激冷效应。

④ 制作山地车及其他急速运动服装的防风针织品。这种针织品轻盈、柔软，具有超强吸汗能力，是生产贴身衣物的理想材料（图3-27）。

图 3-26　Windstopper 手套产品　　　　图 3-27　Windstopper 骑行服产品

3. Windstopper 面料与 Gore-Tex 面料的区别

Windstopper 服装防风、透气，能抗水但并不防水。也就是说 Windstopper 面料只是可以挡少量的水，雨下大了或者稍微有些水压的时候，它们就不管用了。Gore-Tex 服装防水（可以在有一定水压的时候防止水的进入）、透气，而且防风。不过，两种面料都很耐用。

4. Windstopper 面料的清洗方法

冷水机洗，加普通洗衣粉（不建议用强力洗粉），选用正常洗衣脱水程序。脱水后马上风干。不能使用热水或浸泡。不能用漂白水及柔顺剂。不能干洗。不能用干衣机烘干。不能用蒸汽熨斗压熨。

三、羽绒

羽绒是保暖层最经常使用的天然纤维，因为它是世界上保暖重比最高的纤维，羊毛是早期登山者的最爱，但因为价格过高，且纤维过重又不够速干，已渐渐被人造纤维制成的抓绒所替代。而羽绒则是目前使用率最高的天然纤维了。

（一）蓬松保暖度 FP 值

羽绒衣物的保暖度 = Fill Power 数值乘以总填充量，所以不是每一件用 700 FP 的羽绒衣都一样保暖，而是以填充量取胜。

Fill Power 是用来表示羽绒蓬松保暖度的单位，代表 1 盎司羽绒可以膨胀撑起来的体积，FP 越高就代表该羽绒品质越好、越贵、越保暖，如果填充等重的 400 FP 和 800 FP 羽绒在两件外套内，其蓬松度和积蓄空气的体积可能会差两倍，虽然整体保暖度还受到表布透气度、中间层的设计、重绒密度等相当多的因素影响，但因此可以得知只有填充高FP 羽绒才能够达到极致轻暖境界。

一般来说，500 FP 即属于优质羽绒，其单位重量保暖度也高于目前最保暖的化纤填充材料 Primaloft one（化纤填充材料有介绍），所以 600 FP 以上高级鹅绒所提供的轻量保暖力是化纤外套望尘莫及的，更何况是 700 FP，甚至是 800 FP 以上的顶级鹅绒，这些鹅绒通常来自温寒地区如匈牙利、波兰人工饲养的老母鹅身上，再经过宰杀取毛、洗净、杀菌、羽梗 FP 分级等复杂过程后，才由品牌商高价购买并填入羽绒制品中，形成高价轻暖的羽绒衣。

（二）羽绒的分类

羽绒一般分为白鹅绒、灰鹅绒、白鸭绒、灰鸭绒。在含绒量、重量一致的条件下，白鹅绒或灰鹅绒保暖性大于白鸭绒与灰鸭绒。在含绒量、工艺处理、重量一致的条件下，其异味从强到低为白鸭绒 > 灰鸭绒 > 白鹅绒和灰鹅绒，常见户外羽绒分级见表格3-10。

表 3-10　常见羽绒分级

| 800 FP 吊吊绒 | | 特级 种鹅绒 | |
| 800 FP 匈牙利 白鹅绒 | | 700 FP 法国鸭绒 | |

常见的户外羽绒有以下几类：

① 吊吊绒。是羽绒的一种，包括鸭绒和鹅绒。因其拿起一个来能把周围的羽绒勾起来（因为绒丝呈勾状），所以叫吊吊绒。特点：绒的体积相当大，绒丝特别长，体形非常漂亮，绒心密度稍显不足，压缩后恢复弹力需要时间比特级种鹅绒稍长。价格是四种当中最高的，蓬松度可达到 800 FP。

② 特级种鹅绒。绒的体积比较大（比吊吊绒稍小），绒丝长度较长，绒心非常大而

且密度非常高，压缩后恢复弹力极快（缺点是压缩比较困难，因为回弹力实在太大）。价格与吊吊绒接近或略低，蓬松度可达到 900 FP。

③ 匈牙利白鹅绒。绒的体积中等（700 FP 的匈牙利绒体积还得小一号，大约与法国白鸭绒的鸭绒相当），绒线长度中等，绒心体积中等但密度非常高，压缩后恢复弹力很快（压缩时较困难，因回弹力较大）。采购价低于前两种绒但与特级鹅绒非常接近，蓬松度可达 800 FP。

④ 法国白鸭绒。绒的体积较小，绒丝长度一般，体积略小，绒心体积略小，密度较高，压缩后恢复弹力比上述三种都要慢些（但是与 700 FP 的匈牙利绒是基本一致的），以上特点与 700 FP 的匈牙利绒基本相当，保暖性也基本相当，甚至清洁度和异味等级都超过很多优质鹅绒。品质性能应该算得上非常出色了，但最大缺点是绒子的含量很难提高，绒丝绒碎含量较高，绒子含量很难超过 90%。价格远低于上述三种羽绒，性价比极高。蓬松度可达到 650~720 FP。

四、化纤填充材料

（一）Thermore 材料

1972 年，Lucio Siniscalchi 先生在意大利米兰成立了 Thermore Spa 公司，他定下了富有远见的目标：让人造纤维材料成为服装保温棉的主流。在只有传统材料，如羊毛、羽绒等一统天下的 20 世纪 70 年代初，这是一个极具革命性的目标。除了化纤材料的使用外，Thermore 同时还研究出一种"固定"保温棉表面纤维的特殊技术，这种技术很好地解决了保温棉纤维迁移的问题，防止纤维从服装面料和里布中穿透出来（图 3-28、图 3-29）。直到今天，这仍被公认为 Thermore 独具创新意念的专有技术。Thermore 的第一个客人，就是以生产滑雪服著称的意大利 Colmar 公司。

图 3-28　Thermore 公司商标　　　　图 3-29　Thermore 公司面料产品

20 世纪 80 年代初，Thermore 开发出了具有专利的"Special Reduction"技术：同一克重的棉可以做到四个不同的厚度。棉的厚度以 50% 的比率逐级递减，与此相对的是其保温性能降低的比率只有约 9%（图 3-30）。与此同时，作为原产意大利的保温棉品牌，"Thermore"品牌在全球各地进行了注册。

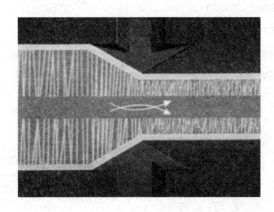

图 3-30 "Special Reduction" 技术原理

20 世纪 80 年代中期，Thermore 成功推出了革命性的智能保温棉"T37 Dynamic"系列的第一款产品，这是第一种具有温度调节功能的保温棉。这种保暖棉在正负 10℃的范围之间自动调节温度幅度达 20%之多。

直到今天，Thermore 一直专注于为运动和户外服装提供高质量的功能性保温棉。Thermore 拥有众多专利技术，并且每年都投入大量的资源进行新技术和产品的研究，凭借丰富的经验和创新能力，不断开发出引领市场潮流的产品。顺应环境保护潮流，Thermore 投入开发了 Thermore Sustainable 系列环保保温棉产品，这些产品的共同特征是使用了回收循环再造的材料以及从农作物取得的再生物料，从而减少了各种污染。Thermore Opera 系列结合了高性能的保温棉和一层超轻的防水/透气薄膜，集保暖与风雨防护功能于一身。Thermore Stretch 系列柔软纤薄而具有出色的弹性与延伸性。Therma-Scent 抗菌防臭系列保温棉经过了特殊的抗菌处理，能够有效地抑制细菌的生长。Thermore 所有的产品都可以机洗和干洗，并在使用过程中保持长期稳定的保暖性能。

（二）Primaloft 保暖棉

Primaloft 是一种超柔软拒水性超细纤维，也是羽绒纤维的良好替代品，它重量轻，具有羽绒纤维一样的柔软和温暖的手感。这种纤维是美国 Al-banyInternational 公司生产的，这种产品在潮湿以后能很快干燥，并且在潮湿的时候也有一种温暖感。为此发明者开始研究羽绒纤维的物理和热性能，终于研制出了由上百万根微细纤维组成、能像羽绒纤维那样聚合在一起的能替代羽绒纤维的产品。Primaloft 非常适合应用在潮湿和有雪的天气环境中，因此广泛应用在高质量的滑雪手套、睡袋和服装的填充物上面，现在一些顶尖服装品牌都在使用它作为服装的填料（图 3-31）。

图 3-31 Primaloft 产品标志

Primaloft 的组织结构有别于一般的中空保温棉，使保温棉本身达到了防水的功能。另外其授权生产厂面料可直接贴棉，通过点贴加工，面料能达到 24 英寸无须刺绣定位处理，经 15 次水洗保温棉不移位，使服装在设计理念上有了一个飞跃，户外冬装不再与原先的风格雷同。

Primaloft 产品系列中的 PrimaLoft One 是极佳的微纤维保暖层，吸水性为一般纤维的 1/3，在干燥时的保暖效果多 14%，在潮湿时的保暖度多 24%，但价格较高，常用在保暖性要求较高的外套或较厚的保暖棉衣上（图 3-32、图 3-33）。而 PrimaLoft Sport 产品系列一般用在较薄的和对保暖要求较低的户外运动服装、手套、睡袋中。

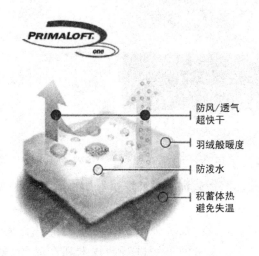

图 3-32 Primaloft 产品原理　　　　图 3-33 Primaloft 产品测试

（三）新型保暖棉——新雪丽

"新雪丽"（英文名称 Thinsulate）是一种保温材料，由美国 3M 公司采用先进技术制造的超细纤维组成。同传统的保温材料相比，"新雪丽"的保暖性是一般羽绒的 1.5 倍，是其他高度松软保温材料的两倍。"新雪丽"保温材料的直径是一般纤维的十分之一，使得纤维间留存的空气更多；在同样大小的空间内，可以填充更多的纤维，因此能更多更有效地反射人体热辐射。同时，"新雪丽"保温材料的吸水量只是其自重的 1%，即使在潮湿的环境中它依然能够保暖。新雪丽保温材料全部可水洗，大部分可干洗，且洗涤后不会缩水，保暖性能变化极小（图 3-34）。

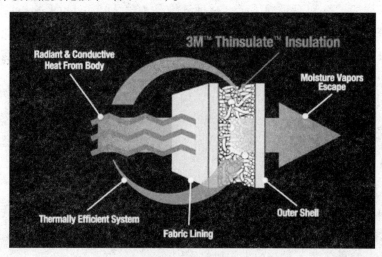

图 3-34 新雪丽产品原理

针对最终用途，"新雪丽"保温材料目前细分为如下类型：B 型材料专为抗压而设计，具有轻盈、保暖、防潮、透气的特点，用于鞋类。C 型材料特点纤薄，反复洗涤之后其保暖性能影响不大，尤其适用于户外专业装备。FX 型材料弹性好、可拉伸，在潮湿环境中能保持保暖能力，易干，适用于手套、帽子、衣服等。G 型和 S 型材料舒适柔滑，具有极佳的悬垂性，可进行经典与流行设计，适用于普通外衣、运动装、手套等附件。THL 型保温材料轻柔，是目前市场上热重效率最高的合成保温材料，结构结实，能有效反射人体热辐射，适用于外衣、滑雪衣、床上用品、睡袋等。U 型和 I 型保温材料型薄、抗压，在潮湿环境中仍具保暖能力，适用于一般外套、运动衣、手套和其他防寒用品。Z 型主要用在家纺用品，而 K 型则是面向中低端客户的实用型。

1. 新雪丽的特点

"每使用一件含有新雪丽保暖材料的服装，就相当于回收利用 11 个 600 毫升的矿泉水瓶，而其产品的保暖性却丝毫不减。"由于新雪丽再生纤维保温材料是由独特的超细纤维组成，通过回收的再生聚酯纤维，经过一系列的工艺过程变成温暖舒适的保温材料，因此这不仅保证了新雪丽材质的健康安全，更缓解了日益增长的环境压力，将创新科技和环保理念完美地结合了起来。

2. 新雪丽与其他保暖材料比较

新雪丽与棉相比：新雪丽保温材料的纤维是由聚烯烃和聚酯高分子材料组成，吸水率小于自身重量的 1%，即使在潮湿的环境下，依然可以保干燥，具有优异的保暖性能。

新雪丽与羽绒相比：新雪丽无致敏性，新雪丽制成地婴幼儿产品不会导致任何过敏反应，不会带有禽类的微生物，材料安全，另外，其保暖性强，穿着合适，不会有臃肿感。

新雪丽与毛纤维及仿毛纤维的多孔棉相比：新雪丽的保温在于其超细的纤维，因为超细所以聚集了更多空气，所以也就更加保暖。

（四）竹炭棉

竹炭棉也称竹炭绒，竹炭纤维，是一种用竹炭纤维与各种纺织原料制成的新型环保、保健的混纺织物。竹炭棉一般取毛竹为原料，采用了纯氧高温及氮气阻隔延时的煅烧新工艺和新技术，使得竹炭天生具有的微孔更细化和蜂窝化，然后再与具有蜂窝状微孔结构的聚酯改性切片熔融纺丝而制成。该纤维最大的与众不同之处，就是每一根竹炭纤维都呈内外贯穿的蜂窝状微孔结构。这种独特的纤维结构设计，能使竹炭所具有的功能更大地发挥出来。竹炭棉制品往往具有吸湿排汗、干爽不粘腻、抑菌除臭、蓄热保暖、抗紫外线、抗电磁波、防静电、耐洗抗皱不缩水等功能性，富含对人体有益的氧离子、钙、镁、钾、锰、磷等多种天然矿物质。在户外领域，可以作为化纤填充物或除臭保暖内衣。

（五）杜邦棉

杜邦棉"DuPontTM ComforMaxTM"，是美国杜邦公司于 2004 年 9 月 20 日才在全球同步推出的针对服装领域的最新填充材料，该系列产品包括 Classic、Premium、Radiant 等类型。其中 Classic 为多层纤维结构，Premium 为舒适调控系统，Radiant 为涂层调控系统。

DupontTM ComforMaxTM Classic 采用多层纤维结构，先进的纺织梳理工艺，内含纤维层层数比其他保暖材料多 4~5 倍，每一单层纤维层重量仅为 5~10 g/m²，因此，保暖性能非常好而又异常轻盈、经久耐用，是生产高质量户外服装、软质外套和睡袋的理想材料。

DuPontTM ComforMaxTM Premium 采用独特的无纺布技术，无纺布是由高压喷丝的超细纤维紧密交叠铺网而成，所以结构致密又富有超细微孔，材料具有防风性、透气性、防水性。在寒冷的环境下不会变得僵硬或产生噪音。

DuPontTM ComforMaxTM Radiant 在杜邦舒适调控系统保暖衬技术基础上，多了一层镀铝加压处理，其无纺布上的金属微粒涂层能加强反射人体辐射的热量，因此，其不仅具有良好的防水防风功效，而且较 Premium 保暖性能更为优越，是制作户外工作服、运动服、摩托车服、捕鱼装、鞋具以及睡袋的上佳填充材料，并且制作简便，无须绗缝。

第六节　超细纤维面料

一、超细纤维的概念及功能

超细纤维的定义说法不一，一般把纤度 0.3 D（直径 5 μm）以下的纤维称为超细纤维（图 3-35）。国外已制出 0.000 09 D 的超细丝，如果把这样一根丝从地球拉到月球，其重量也不会超过 5 g。我国目前能生产 0.13~0.3 D 的超细纤维。

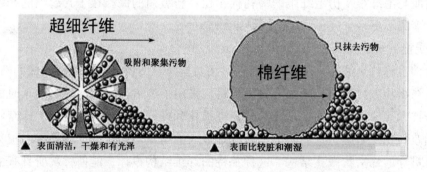

图 3-35　超细纤维与棉纤维横截面之比较

超细纤维由于纤度极细，大大降低了丝的刚度，做成织物手感极为柔软，纤维细还可增加丝的层状结构，增大了表面积和毛细效应，使纤维内部反射光在表面分布更细腻，使之具有真丝般的高雅光泽，并有良好的吸湿散湿性。用超细纤维作成服装，舒适、美观、保暖、透气，有较好的悬垂性和丰满度，在疏水和防污性方面也有明显提高，利用比表面积大且松软的特点可以设计不同的组织结构，使之更多地吸收阳光热能或更快散失体温，起到冬暖夏凉的作用。

超细纤维可以吸附自身重量7倍的灰尘、颗粒、液体。每根细丝直径只有头发的1/200。这就是超细纤维具有超强清洁能力的原因。细丝间的空隙能吸附住灰尘、油渍、污物,直到用清水或肥皂、清洁剂洗去。这些空隙还能吸收大量水分,所以超细纤维有很强的吸水性。而且因为只是保存在空隙中,能使其很快干燥,所以能有效防止细菌的滋生。

普通面料:会有残留物留在纤维的表面。因为没有空隙容纳污物,所以表面会很脏,且难以洗涤干净。

超细纤维面料:像有无数微小小铲,能铲起和储存污物,直到被洗去。最终结果是干净、光滑的表面。湿着使用的情况下可以使污物和油渍被乳化,超细纤维可以更容易擦净。

二、超细面料在户外服装中的应用

因为超细面料在轻薄、速干、抗污等方面的优秀表现,所以在户外服装中的应用也越来越广泛,特别是春夏类的外套服装及秋冬的内衣类,如皮肤衣(图3-36、图3-37),超细针织功能内衣;也有一些由超细纤维复合而成的材料,如由超细面料、防水透湿膜及超细网眼面料复合而成的硬壳冲锋衣和由超细针织面料、防水透湿膜及超细摇粒绒复合而成的软壳外套等(图3-38、图3-39)。

图3-36 超细纤维服装成品之一

图3-37 超细纤维服装成品之二

图3-38 超细纤维服装成品之三

图3-39 超细纤维服装成品之四

第七节　功能性氨纶弹力面料

一、氨纶弹力纤维的概念及功能

氨纶是聚氨基甲酸酯纤维的简称，是一种弹性纤维。学名聚氨酯纤维（Polyure-thane），简写（PU）。在我国大陆称为"氨纶"，它具有高度弹性，能够拉长 6~7 倍，但随张力的消失能迅速恢复到初始状态。同其他弹性纤维一样，氨纶分为两类：一类为聚酯链类；一为聚醚链类。聚酯类弹性纤维抗氧化、抗油性较强；聚醚类弹性纤维防霉性、抗洗涤剂较好。

氨纶是具有高断裂伸长（400% 以上）、低模量和高弹性回复率的合成纤维。除强度较大外，其他物理机械性能与天然乳胶丝十分相似。比乳胶丝更耐化学降解，具有中等的热稳定性，软化温度约在 200℃ 以上。用于合成纤维和天然纤维的大多数染料和整理剂，也适用于氨纶的染色和整理。氨纶耐汗、耐海水和各种干洗剂及大多数防晒油。长期暴露在日光下或浸泡在氯漂白剂中也会褪色，但褪色程度随氨纶的类型而不同，差异很大。

氨纶一般不单独使用，而是少量地掺入织物中。这种纤维既具有橡胶性能又具有纤维的性能，多数用于以氨纶为芯纱的包芯纱，称为弹力包芯纱。这种纱的主要特点，一是可获得良好的手感与外观，以天然纤维组成的外纤维吸湿性好；二是只用 1%~10% 的氨纶长丝就可生产出优质的弹力纱；三是弹性百分率控制范围从 10% 到 20%，能根据产品的用途，选择不同的弹性值。易于纺制 25~2500 D 不同粗细的丝，因此广泛被用来制作弹性编织物，如袜口、家具罩、滑雪衣、运动服、医疗织物、绳带类、军需装备、宇航服的弹性部分等。随着人们对织物提出新的要求，如重量轻、穿着舒适合身、质地柔软等，低纤度氨纶织物在合成纤维织物中所占的比例也越来越大。也有用氨纶裸体丝和氨纶与其他纤维合并加捻而成的加捻丝，主要用于各种经编、纬编织物，机织物和弹性布等。

比较有名的材料有美国 Dupon（杜邦）的 Lycra，德国 Bayer（拜耳）的 Dorlastan；日本 A.k（旭化成）的 Roica。

二、氨纶弹力面料在户外服饰中的应用

良好的伸缩性面料不断推动户外活动的便捷、快速，有效地保护肌肉在伸展中的力量消耗，面料的弹力使得服装与运动节奏保持同步，在保护身体表面的基础上，更大地发挥人类突破极限的能力。在户外服装上的应用如弹力速干裤、弹力外套、弹力软壳、弹力冲锋衣等（图 3-40、图 3-41）。

图 3-40　氨纶弹力面料服装成品之一

图 3-41　氨纶弹力面料服装成品之一

第八节　超耐磨面料

一、超耐磨面料的概念及种类

超耐磨就是指面料的耐磨强度极高。决定面料强度的因素主要是两个，一是纱线的强度，二是面料的编织方法和面料的密度。纱线方面，越轻而且越不吸水的纱线它的强度就越强；面料的密度方面，密度越密其强度及耐磨度就越高；面料的编织方法方面，表面的浮线长度越短其强度及耐磨度就越高。

二、超耐磨面料的种类

日常生活中常见的耐磨面料是帆布，但因其重量大且易吸水，在如今追求轻量化的户外领域用得较少；在户外领域常用的耐磨材料有涤纶、尼龙、Cordura、Kevlar。涤纶，特点是质量轻但不耐高温、不吸水、色牢度差；尼龙，强度好、不吸水、色牢度好；Cordura，高强度、质量轻、色牢度好；Kevlar 是美国杜邦（Dupont）公司研制的一种芳纶纤维材料产品的品牌名，材料原名叫"聚对苯二甲酰对苯二胺"。下面主要介绍一下 Cordura 和 Kevlar。

1. Cordura 面料

英威特 Cordura 面料（图 3-42），具有轻、速干、柔软、耐久性强的功能性，长时间使用也不易变色。在相同重量的情况下，Cordura 面料的耐用性分别为标准尼龙面料的 2

倍、涤纶面料的 3 倍和棉制帆布的 10 倍，Cordura® 丝的纤维细度范围为从 30 D 到 2 000 D，且广泛用于箱包、鞋类和功能性服装，如摩托车夹克等多种产品中（图 3-43、图 3-44）。

图 3-42　英威特 Cordura 标志

图 3-43　Cordura 面料制成的摩托车夹克

图 3-44　Cordura 面料制成的摩托车夹克

2. Kevlar

它是美国杜邦公司研制的一种芳纶纤维材料产品的品牌名，材料原名叫"聚对苯二甲酰对苯二胺"。由于该产品材料坚韧耐磨、刚柔相济，具有"刀枪不入"的特殊本领，在军事上被称为"装甲卫士"。

Kevlar 具有永久的耐热阻燃性、永久的抗静电性、永久的耐酸碱和有机溶剂的侵蚀性及高强度、高耐磨、高抗撕裂性，遇火无熔滴产生，不产生有毒气体，火烧布面时布面增厚，增强密封性，不破裂。

Kevlar 广泛应用于防护服和产业用纺织品，如防弹衣、防弹背心、防弹头盔、切割防护服、运动衣、工作防护服、升降机吊索、篷布、耐热帆布、降落伞用布等。

第九节　其他各种功能面料

一、防泼水整理面料

织物的防泼水特性，系指面料经过防泼水剂特殊处理，其表面可使水滴形成圆珠状，不会产生渗透、扩散而弄湿衣物，达到像荷叶般的防泼水功能（莲花效应）（图 3-45）。

防泼水性程度通常分成五个等级，其测试标准一般要求受测面料至少达到四级以上（ISO）防泼水度等级，即达到九十分以上之拨水功能性。防泼水层其实是覆盖在面料表面的一层特殊处理，一般是在面料成品定型时加入 DWR。

图 3-45 防泼水织物泼水效果

DWR 是耐久排水聚合体（Durable Water Repellency）的英文缩写，它是一层在绝大多数户外服装和装备的面料上都有的防泼水层，它可以让水形成水珠从面料表面滑落从而阻止面料吸收水分。DWR 防泼水层一般采用的是碳氟化合物配方，目前被绝大多数的纺织品工厂运用于它们的纺织品上。一旦织物有了 DWR 防泼水层，就能更好地保持干燥和舒适。

防泼水助剂中比较有名且常用的是杜邦 Teflon 防泼水助剂（图 3-46）。我们会看到很多户外服装、睡袋等产品说明上都会有类似"表面杜邦 Teflon 处理"等字样，并在产品上附有 Teflon 吊牌，这个吊牌由杜邦公司授权并提供，表示这些产品面料采用了美国杜邦公司 Teflon 整理剂进行了防泼水（三防）处理。Teflon 是一种碳氢树脂，其中含有机氟物质，其化学性能较稳定，耐高、低温性能较强，目前在纺织行业主要用于面料的"三防"（防水、防油、防污）整理。

图 3-46 杜邦 Teflon 防泼水助剂标志

经过 Teflon 整理的面料并不具备永久性的防泼水功能，随着洗涤次数的增加而逐步失去所谓的"三防"效果，据了解，一般在洗涤 4 次以后"三防"效果就会出现一些降低，这是因为面料经过水浸泡和搓洗后，所含有的 Teflon 成分会逐步的流失，加上自然界中微生物的作用，会使面料表面的拒水基团分子重新排列，使面料表面能会逐步上升，面料表面提高了，"三防"效果就下降了，面料就失去所谓的"三防"效能了。这些特性就告诉我们，对经过防泼水处理的面料尽量不要采取浸泡和搓洗的清洁方式。

　　2007年瑞士Schoeller科技公司（图3-47）及Clariant国际公司已经研发出最新、更环保的纳米科技纺织处理技术，据说可减少纺织品后端处理时，化学药剂对环境的污染。NanoSphere® 涂层在织物表面形成一层极细的纳米微粒结构，改变水或者其他污物（油、番茄酱、咖啡、红酒、蜂蜜等）和织物表面的接触面积，水或者污物会从涂层表面滑落，从而达到防水防污的效果。若有残留污物只需要少量水就可以冲洗干净（图3-48、图3-49）。

图3-47　Schoeller科技公司标志

图3-48　Schoeller NanoSphere
纳米防泼水技术

图3-49　Schoeller NanoSphere
纳米防泼水技术原理

二、抗菌面料

　　抗菌面料的英文为"Antimicrobial Fabric""Anti-Odor Fabric"或"Anti-Mite Fabric"。抗菌面料具有良好的安全性，它可以高效去除织物上的细菌、真菌和霉菌，保持织物清洁，并能防止细菌再生和繁殖。银系抗菌材料可以说是使用得最多的一种抗菌材料。

　　在纤维内部加入银基抗菌物质，或者通过含银抗菌剂后整理方式可使得面料获得优异的抗菌性能（图3-50）。目前通过后整理方式使得面料含银而具有抗菌功能，成本较低但是其耐洗涤性较差。在纤维内部加入银以获得抗菌性能，这样的抗菌纤维不仅杀菌效果显著，而且其具有低溶出性的特点，不会对皮肤造成伤害。主要产品有涤纶抗菌防臭面料、尼龙抗菌防臭面料、防螨抗菌整理面料、防螨虫面料、防虫面料、防霉面料、防霉防腐面料、抗菌保湿面料、护肤整理面料、柔软面料等。

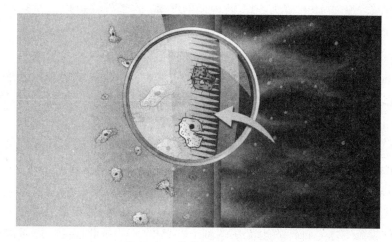

图3-50　抗菌面料技术原理

三、抗紫外线面料

紫外线，英文名称为"Ultraviolet""Ultraviolet radiation"或"Ultraviolet ray"，简称UV。太阳光中的紫外线虽然具有消毒杀菌、促进骨骼发育、直接影响人体维生素D的合成等优点，但也可能使皮肤老化产生皱纹、产生斑点、造成皮肤粗糙和皮肤炎乃至皮肤癌、促进白内障等（图3-51）。

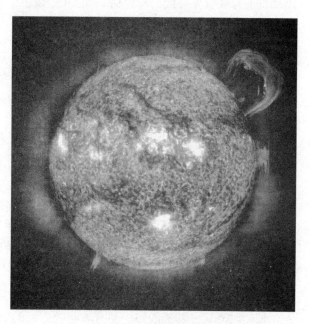

紫外线照射到织物上，一部分被吸收，一部分被反射，一部分透过织物。透过的紫外线对皮肤产生影响。在一般情况下，紫外线的透过率＋反射率＋吸收率＝100％。因此为减少紫外线对皮肤的伤害，从纺织品方面来说，必须减少紫外线透过织物的量；也就是说照射在织物上紫外线的反射和吸收越多，透过织物的紫外线就越少，对紫外线的防护性能就越好，对皮肤的伤害就越小。

图3-51　太阳发射紫外线

UPF是英文"ultraviolet protection factor"的简称，即紫外线防护系数。根据我国国家标准中的定义，UPF 指的是"皮肤无防护时计算出的紫外线辐射平均效应与皮肤有织物防护时计算出的紫外线辐射平均效应的比值"。这个定义比较抽象，我们可以这样理解 UPF 的物理意义，比如 UPF 值为 50，就说明有 1/50 的紫外线可以透过织物。UPF 值越高，就说明紫外线的防护效果越好。

（一）紫外线的防护原理

紫外线的防护原理就是采用紫外线屏蔽剂对纤维、纱线或织物进行处理，从而达到防紫外线的目的。织物自身防紫外线的能力，主要取决于织物屏蔽紫外线的能力。影响因素有织物组织结构、纤维原料、纱线配置及织物色泽等。但是，有研究认为，户外活动人体衣着的紫外线透过率须在 10% 以下，其中皮肤易被晒红的人其衣着紫外线透过率须在 5% 以下，而对紫外线过敏的人，其衣着的紫外线透过率须在 1% 以下。因此单凭织物本身屏蔽紫外线能力是不够的，涤纶、羊毛、蚕丝对波长 300 mm 以下的光有很强的吸收性，棉织物也是紫外线容易通过的原料，一般男衬衫的抗紫外线指数在 UPS10 以下，太薄而通透的聚酯与羊毛排汗衣也无法达到 UPF15 的户外最低标准，厚重的棉制牛仔裤却可以轻易超过 UPS50 的高标准，所以不太抗紫外线的面料必须依赖各种处理来提升到 UPS30 以上才算是符合户外使用需求。

（二）防紫外线处理面料

防紫外线处理面料可以采取后整理与紫外线遮断纤维两种途径。后整理得到的防紫外线面料一般是在织物表面涂敷一层防紫外线物质。紫外线遮断纤维是在成纤聚合物中添加反射与吸收紫外线的陶瓷粉。如 TiO_2 和超细 ZnO 具有吸收紫外线的能力；滑石、高岭土、碳酸钙具有反射紫外线的能力，通常是将这几种材料组合使用。对织物施加紫外线屏蔽剂时，可将屏蔽剂与染色同浴进行，紫外线吸收剂分子像染料分子一样溶于纤维内部；也可将紫外线屏蔽剂通过浸轧或涂层的方法固着在织物的表面；或者采用微胶囊技术，制成大分子紫外线吸收剂与其他功能合并，开发多功能的新产品。

（三）防紫外线纺织产品的测试方法

国内外采用较多的纺织品防紫外线性能测试方法主要有两种：仪器法（略）和直接法。直接法包括人体照射法和变色褪色法。

① 人体照射法：在同一皮肤相近部位，以一块或几块织物覆盖皮肤，用紫外线直接照射，记录和比较出现红斑的时间以进行评定，时间越长说明其防护效果越好。

② 变色褪色法：将试样覆盖于耐晒牢度标准卡上，距试样 50 cm 处用紫外线灯照射，测定耐晒色牢度标准卡到一级变色的时间。所用时间越长，说明遮蔽效果越好。

防紫外线纺织品目前还具有一定的局限性，即防紫外线添加剂引入纤维后易挥发，难长久保持防晒降温的功能。随着现代人类越来越重视对紫外线的防护以及新助剂的研发，使得具有这一功能的纺织品有着非常广阔的前景。

第十节 户外功能面料与服装的测试项目及标准

户外服装产品开发，其面料的功能性是至关重要的方面，对面料的测试是打样和生产大货前必做的工作。关于测试标准，AATCC 和 ASTM 为美国测试标准，JIS 为日本测试标准，ISO 为国际测试标准，GB 为中国标准，国际上通用标准为美国标准最多，中国国家标准设置测试要求数值为最低。下面主要以防水透湿面料为例从纺织、印染、纺织面料的后加工三个方面主要介绍一下常用功能面料的测试项目及标准。

一、纺织

纺织方面的测试主要包括纱线和纺织过程两个方面：

纱线：纱线品质的好坏决定面料的品质、强力的好坏决定面料抗撕裂的品质。纱线强力越好，耐磨性耐穿性就越好，在野外环境中更能起到保护人体的作用。

纺织：纱线在纺织机械织制成坯布过程中，调好机台，减少坯布横档、断经断纬、破洞等瑕疵情况。

整体的测试与相关标准有以下项目：

① 手感：要求柔软，户外运动面料手感都有些偏硬，目前开发出新产品手感有所改善，但户外休闲面料要求更柔软些。

② 纬斜：美标测试标准 ASTM D3882 染色布要求是有效幅宽 3% 为 A 级品，格子布和印花布要求是有效幅宽 2% 为 A 级品。纬斜如果超过美标范围易导致服装水洗后变形扭曲、格子布印花布格形不对称，不美观。

③ 密度：美标测试 ASTM D3775 要求经纬向密度 ±3% 为 A 级品。

④ 面密度（克重）：美标测试 ASTM D3776 要求 ±3% 为 A 级品。

⑤ 撕裂强力：美标测试 ASTM D1424 根据不同品种面料具体要求，撕裂用千克（kg）、磅（LB）、牛顿（N）表示其布面经纬向测试数值，抗撕裂性好坏，影响到服装的耐磨耐穿性。

⑥ 拉长强度：美标测试 ASTM D5034 根据不同品种面料具体要求，用千克（kg）、磅（LB）、牛顿（N）表示其布面经纬向测试数值，拉长强度好坏，影响到服装的耐磨耐穿性。

⑦ 接缝滑移：美标测试 ASTM D434 根据不同品种面料具体要求，用 mm 表示其测试数值，接缝强度的好坏，影响到服装拼缝的滑移。

⑧ 缩水率：美标测试 AATCC-135 要求经纬向 ±3% 为 A 级品，缩水率若超出 3%，影响到服装穿着水洗后几次的尺寸大小变形。

二、印染

印染厂染色时颜色必须在接受范围内，且不能有"阴阳色"，布面品质合格，另外就是重要的物理性能测试。

① pH 值：美标测试 AATCC-81 要求 4.5～7.5（人体偏弱酸性，所以规定值为弱酸性范围适合人体，如果呈碱性，则皮肤易受刺激而干燥不舒服）。

② 光照牢度：美标测试 AATCC-16E 要求氙弧灯管 20 h 照射 4 级，40 h 照射 3 级（主要是耐阳光照射，一般穿着户外服装在滑雪、登山户外运动上防止阳光照射不易变色，若遇险情，其醒目的服装颜色，方便等待救援）。

③ 摩擦色牢度：美标测试 AATCC-8 要求干磨 4 级，湿磨 3 级。

④ 水渍色牢度：美标测试 AATCC-107 要求变色 4 级，沾色 3 级（此要求通过棉、尼龙、涤纶、羊毛、腈纶、醋脂等布块测试看变色、沾色评判等级）。

⑤ 机洗色牢度：美标测试 AATCC-61-2A 要求变色 4 级，沾色 3 级（此要求通过棉、尼龙、涤纶、羊毛、腈纶、醋脂等布块测试看变色、沾色评判等级）。

⑥ 汗渍色牢度①：美标测试 AATCC-15 要求变色 4 级，沾色 3 级（此要求通过棉、尼龙、涤纶、羊毛、腈纶、醋脂等布块测试看变色、沾色评判等级）。

国外知名品牌 Columbia（哥伦比亚）和 The North Face（TNF 北面）等主要采用以上纺织方面 8 项和印染方面 6 项美标要求数据作为测试标准。但有些颜色敏感度和染料无法克服的自身缺陷及技术难关，有些指标达到标准还是有一定难度或无法实现。部分含偶氮染料致癌的染料和甲醇超标的化工产品明确禁用。国内外户外服装中低档品牌对此要求不高或不详细，甚至不完全清楚物理性能指标高低对人体保护的重要性。

三、纺织面料后加工

纺织面料后加工包括干法涂层、湿法涂层、贴膜复合（含点贴和转移贴两种）等工艺流程，在加工过程中需添加很多化工产品来完成户外面料的功能性，但化工产品有一定有害物质，所以从印染到后加工必须规定有害物质控制在一定范围，使用化工产品必须是环保型材料。干法涂层、湿法涂层、贴膜复合的面料相关测试基本相同。

面料后加工工艺完成后，要测试以下物理性能。

① 防水：美标测试 AATCC-22-2005，要求洗前 100 分（5 级），水洗 10 次后 90 分（4 级），水洗 20 次 80 分（3 级）。②

② 撕裂强力：经过干法涂层多道工艺，特别是压光，必将导致织物撕裂强力下降很多，则减弱服装耐磨性耐损性，如果不能满足同品种的撕裂要求，加工过程中考虑添加抗撕裂

---

① 色牢度：表示织物面料的颜色牢度，最高为 5 级，最低为 1 级，评判色差等级是用美标灰卡。

② 洗前 5 级为最高，洗 20 次后仍能达到 3 级，此测试结果值非常高，国外知名品牌都是此要求。此防水标准可称超防泼水，也可防污。防水浓度有普通防水、中防水、高防水。

剂，提升面料的撕裂强力，当然此抗撕裂是环保材料，抗撕裂测试仪如图3-52所示。

③ 涂层均匀度：面料涂层，是把PU胶放在布面，用刮刀均匀刮在布面上，定型完成后，可用取克重机在布面左、中、右各取一块称克重，便得知左中右的数值是否合格。

④ 雨淋：美标测试 AATCC-35，此测试用布固定位置，滴水淋在织物表面，一般＜1 g为合格品，图3-53为雨淋测试。

图3-52 抗撕裂测试仪　　　　　　　　　　图3-53 雨淋测试

⑤ 耐水压：美标测试标准 AATCC-127、日标测试 JIS-L 1092B，耐水压用 mmH_2O 表示，国外知名品牌在5 000 mm指标或以上较多（洗后测），国内外中低档品牌普遍要求1 000~3 000 mm（洗后测），图3-54为耐水压测试用水压仪。

日标测试采用正杯法测，美标采用倒杯法，两者测试值结果不同。值得注意的是国外知名品牌测试是水洗5次或更多次后测试，国内外中低档品牌都是测水洗前的。耐水压洗前测试值很容易达到，但洗几次后就会下降很多，从专业角度上讲，测试最好是5次或更多次后测，这样耐水压比较好，否则只重洗前测，做成服装穿在身上后，多次洗后耐水压下降很厉害，防水性能就差，且容易脱胶或起泡。

图3-54 水压仪　　　　　　　　　　图3-55 透湿仪

⑥ 透湿度：美标测试 ASTM-E96，日标测试 JIS-L 1099B1，透湿度用 g/（$m^2 \cdot d$）表示，国外知名品牌在 5 000 g 或以上较多，国内外中低档品牌普遍要求 1 000 ~ 3 000 g 以内。知名品牌测试及其他品牌是洗前测试，透湿度经多次洗后数值会慢慢上升。图 3-55 为透湿度测试用透湿仪。

⑦ 胶面剥度牢度：美标 AATCC-135 测试，连续水洗 24 h 不脱离。

下面是一线户外品牌服装面料产品性能常规测试标准要求列表（表3-11）。

表3-11　一线户外品牌服装面料产品性能常规测试标准要求

测试项目	测试标准	方法	测试要求
纬斜（Skew）	ASTM D3882	略	3%
面密度（Weight）	ASTM D3776	略	±3%
pH 值（pH Value）	AATCC 81	略	4.5 ~ 7.5
密度（Thread Count）	ASTM D3775	略	±3%
雨淋测试（Raining Test）	AATCC 35	略	<1 g
成分（Fiber Content）	AATCC 20	略	0 ~ 3%
撕裂强力（Tear Strength）	ASTM D1424	略	客户要求
拉长强度（Tensile Strength）	ASTM D5034	略	客户要求
接缝滑移（Seam Performance）	ASTM D434	略	客户要求
缩水率（Dimensional Change）	AATCC 135	略	±3%
防水（Water Repellency）	AATCC 22	略	客户要求
耐水压（Water Proofness）	JIS L 1092B	略	客户要求
	AATCC 127	略	客户要求
透湿度（Moisture Proofness）	JIS L 1099B1	略	客户要求
	ASTM E96	略	客户要求
光照色牢度（Colorfastness To Light）	AATCC 16E	20 h（20 Hours）	4 级（CLASS 4）
		40 h（40 Hours）	3 级（CLASS 3）
水渍色牢度（Colorfastness To Water）	AATCC 107	变色（Shade Change Min.）	4 级（CLASS 4）
		沾色（Staining Min.）	3 级（CLASS 3）
摩擦色牢度（Colorfastness To Crocking）	AATCC 8	干磨（Dry Min.）	4 级（CLASS 4）
		湿磨（Wet Min.）	3 级（CLASS 3）
机洗色牢度（Colorfastness To Laundering）	AATCC 61-2A	变色（Shade Change Min.）	4 级（CLASS 4）
		沾色（Staining Min.）	3 级（CLASS 3）
汗渍色牢度（Colorfastness To Perspiration）	AATCC 15	变色（Shade Change Min.）	4 级（CLASS 4）
		沾色（Staining Min.）	3 级（CLASS 3）

第四章

户外服饰的结构与工艺设计

第一节　登山装的结构与工艺设计

一、冲锋衣的结构与工艺设计

冲锋衣的英语为"Jackets"或者"Outdoor Jackets"，直译过来就是"夹克"，意译为冲顶时所穿着的衣服，即冲锋衣。它是户外运动爱好者的必备装备之一。从现代登山的角度讲，冲锋衣应具备的几个条件：首先，结构上符合登山的要求，登山往往是在恶劣的环境下开展各种活动，包括负重行走、技术攀登等，冲锋衣的结构要能满足这些活动的要求。其次，制作材料上需符合登山的要求，由于登山运动所处的特殊环境及登山运动的需要，冲锋衣的材料必须能实现防风、防水、透气等要求(图4-1、图4-2)。

图4-1　冲锋衣款式一

图4-2　冲锋衣款式二

（一）款式特点

现代的冲锋衣一般做成短风衣的款式，风帽上有滑扣之类的附件可以调节风帽形状和头型吻合；领口处通常有加厚或是一层薄的抓绒衬里以减少这里的热量损失；肩肘部有增强耐磨性的加厚设计；防水拉练的设计可以减少热量损失也有助增强服装防水性能，衣袋开口较高或有胸袋，避免被背包腰带压住衣袋发生取不出东西的情况；衣服的后片比前片略长，袖管略向前弯，以补偿运动；通常会有腋下拉链，在出汗较多的情况下可直接拉开透气；内置式帽子，以便在不用的时候可以收起；有的还会有雪裙设计。

　　冲锋衣的款型一般大同小异，主要有长款与短款，拼色与单色之分。冲锋衣虽是一种功能性服装，但女款是很有讲究的。一般说来，女款的袖子比较窄小，腰身比较细长。女款的前片一般都设有胸省或通过胸部的分割，更突出女性的线条美。

（二）冲锋衣的款式工艺特点

　　冲锋衣款式工艺特点见表4-1。

表4-1　冲锋衣的款式工艺特点

工艺部位名称	工艺特点与功能	工艺部位图片
激光剪切	切面平整不起毛	
功能性结构设计	衣服的肘部、颈和帽子等部位更加符合人体的曲线，并有调节松紧的绳带	
压胶处理	接缝拼合处压胶处理，能够防止水分渗透	

工艺部位名称	工艺特点与功能	工艺部位图片
防水拉链	拉链的外层覆盖防水压胶层，防止水分渗透	
防水涂层	如杜邦 Teflon 或其他防泼水材料覆盖在衣服的表面，增强防水效果，并且减少雨水对材料的腐蚀	
防风部件	防风裙、下摆松紧绳、袖口魔术贴，能够有效防止风从外部灌入	

续表

工艺部位名称	工艺特点与功能	工艺部位图片
腋下透气拉链	腋下加透气拉链，方便排汗	
肩部耐磨层	肩部、肘部要有耐磨层	
袖口处小挂扣	袖口处可有小挂扣，可以直接把手套挂住	

（三）款式分类

冲锋衣根据实际使用需求一般可以分为专业登山款、多种户外款和休闲时尚款（表4-2）。

专业登山款：样式相对简单，更多地要考虑登山时特别的要求。比如连体帽子要具有更好的防风性；腰以下没口袋设计以方便戴安全带等。在保证强度的前提下，尽量减轻重量。

多种户外款：适合多种类型的活动，样式复杂、功能多样（口袋设计较多），比登山款的重。

休闲时尚款：适合日常生活穿着，款式相对简单，功能性弱化了许多，诸如取消了防风裙及透气拉链设计、面料更为轻便，口袋的设计不是激光无缝的，更多的是休闲风格的便装化口袋，帽子的设计更为中性化，等。

表 4-2　冲锋衣款式分类

分类	冲锋衣款式图例
专业登山款冲锋衣	
多种户外款冲锋衣	
休闲时尚款冲锋衣	

（四）面料选择

冲锋衣的面料主要分为两层面料和三层面料（图4-3）。知名的面料品牌有：Gore-tex、新保适、E-vent 等。

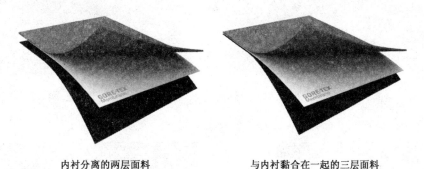

内衬分离的两层面料　　　　　　　与内衬黏合在一起的三层面料

图4-3　冲锋衣面料

1. 两层面料

面布一般为锦纶或涤纶面料，面布的反面贴合一层防水透湿薄膜或用涂层工艺涂上一层防水透湿材料，在服装加工时，两层面料里面加上一层内里，以保护反面的薄膜或涂层。两层面料独立的内衬，提高了服装穿着的舒适性和多样性，而且可以结合保暖层灵活使用，令穿着者保持干爽和温暖（图4-4，图4-5）。

图4-4　用两层面料做的冲锋衣网状内里　　　图4-5　用两层面料做的冲锋衣内里

2. 三层面料

保护层、防水透气层和里料是压在一起的，看上去像是一层面料，一般里料颜色多为银灰色。可以看到里料缝线处的压胶条（图4-6~图4-9）。

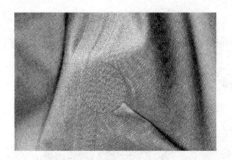

图 4-6　冲锋衣用三层面料及缝线处的压胶条　　　图 4-7　冲锋衣用三层面料及缝线处压
胶条与抽带处理

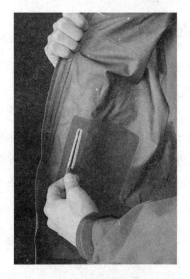

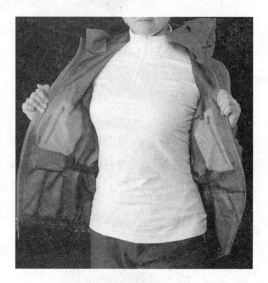

图 4-8　用三层面料做的冲锋衣内部口袋　　　图 4-9　用三层面料做的冲锋衣内里

（五）冲锋衣的特殊生产工艺及设备

表 4-3 展示了冲锋衣的特殊生产设备。

表 4-3　冲锋衣的特殊生产工艺及设备

工艺名称	设备名称	相关图片	工艺要求与用途
缝合过程	刀车拼缝		统一成 0.2 cm 的缝份，以方便下一步热封胶条

续表

工艺名称	设备名称	相关图片	工艺要求与用途
缝合过程	防水服装用热风机		在拼缝处压胶，防止拼缝处漏水
缝合过程	小型补压机		补压拼缝处的胶条，使压过胶条的拼缝处更平整美观
缝合过程	激光镭射机		镭射切割无缝口袋或无缝压胶处的衣片、胶膜及装饰胶膜
缝合过程	切割好的装饰胶膜与补压机		用于无缝口袋、无缝双面胶等处的固定剂补压

（六）常规款式规格设计

以男 M 号（175/92A）、女 M 号（165/88A）为例，其冲锋衣两件套相关尺寸见表 4-4。

表 4-4　冲锋衣常规款式规格设计　　　　　　单位：cm

序号	男 M 号部位名称	尺码	女 M 号部位名称	尺码
A	前衣长（含过肩）	74	前衣长（始肩顶）	66
B	胸围	122	胸围	110
C	下摆	118	腰围	100
D	袖长 A（后中）	90	下摆	112
E	袖长 B（肩点量）	65	袖长（后中）	84
F	袖长 C（自领下沿折叠线）	80	袖长（自领下沿折叠线）	75
G	袖肥	27	袖长（肩点量）	63.5
H	1/2 袖口大（松量/拉量）	13/16	袖肥	24
I	前领高	9.5	1/2 袖口大（松量/拉量）	12/15
J	上/下领围（含拉链）	57	上下领围（包括拉链）	54
K	肩宽	49.5	领高	9
L	帽高	36.5	肩宽	41
M	帽宽	26.5	帽高	35
N	腋下拉链长	28	帽宽	25
O	内胆胸围（普通抓绒）	112	腋下拉链	27
P	内胆下摆（普通抓绒）	108	内胆胸围（普通抓绒）	100
Q	内胆袖肥	24	内胆袖肥（普通抓绒）	21
R	内胆袖长 A（后中量）	86	内胆袖长（肩点）	61
S	内胆袖长 B（肩点量）	61	内胆袖长（后中）	80.7
T	内胆袖长 C（自领下沿折叠线）	76.5	内胆袖长（自领下沿折叠线）	72.5
U	内胆肩宽	48.5	内胆后中长	63
V	内胆领围	51	内胆腰围（普通抓绒）	90
W	袖口/2	11/14.5	内胆下摆（普通抓绒）	100
X	领高	8	领围（包括拉链）	47
Y	内胆后中长	70	肩宽	40
			领高	7.5
			袖口	10.5/13.5

（七）板型设计

男士冲锋衣结构图如图 4-10 ~ 图 4-12 所示。

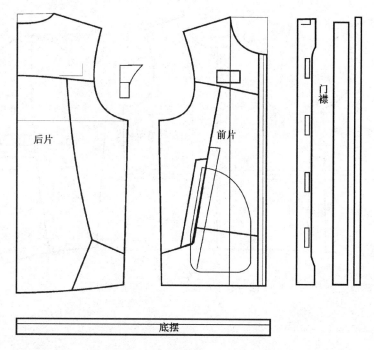

图 4-10　男士冲锋衣衣片、门襟、底边结构图

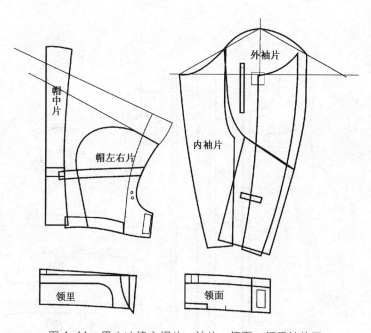

图 4-11　男士冲锋衣帽片、袖片、领面、领里结构图

图 4-12 男士冲锋衣片、袖内里结构图

女士冲锋衣结构图如图 4-13 ~ 图 4-15 所示。

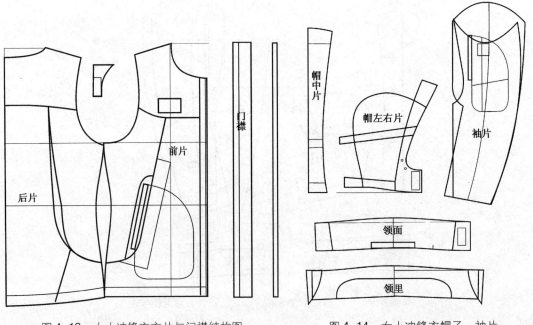

图 4-13 女士冲锋衣衣片与门襟结构图　　　图 4-14 女士冲锋衣帽子、袖片、
　　　　　　　　　　　　　　　　　　　　　　　　　　　领片结构图

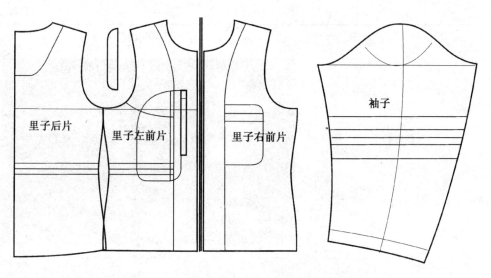

图 4-15　女士冲锋衣衣身与袖子里子结构图

二、冲锋裤的结构与工艺设计

冲锋裤是一种适合户外运动的裤装，一般是长裤款的，单层或有薄夹层（多为抓绒）。登山特别是登高山时一般选用面料较耐磨的三层压胶冲锋衣裤，以适合各种恶劣的环境。

（一）款式特点

专业登山裤，大腿外侧设有透气拉链，膝关节设计出活动量，并有可拆卸背带，攀登雪山时需要裤管带有雪裙，粘扣可以收放裤口，膝盖、臀部、裤口加厚设计可以有效增加耐磨性，具有防水、透气、防风、耐撕裂的特点。整体来说冲锋裤具有防风、防雨、透气、耐磨、防撕、便于运动的功能特点。

（二）冲锋裤的款式工艺特点

冲锋裤的款式工艺特点见表4-5。

表 4-5　冲锋裤的款式工艺特点

工艺部位名称	工艺特点与功能	工艺部位图片
大腿外侧设透气拉链	从裤口直达腰部的长透气拉链，方便散热	

工艺部位名称	工艺特点与功能	工艺部位图片
压胶处理	接缝拼合处压胶处理，能够防止水分渗透	
膝部立体式的设计和加厚处理	方便活动与增加耐磨性，穿着舒适	
臀部立体式的设计和加厚处理	拼缝的加厚耐磨材料以增加其强度	
可以拆卸式的背带	提高裤子的多种适用性	

续表

工艺部位名称	工艺特点与功能	工艺部位图片
护腰或松紧处理	后部松紧可调节，弯曲身体时，腰后不会出现暴露的情况，穿着舒适	
皮带环	除了背带，还有皮带环的设计，这样可以在不使用背带的情况下也不会有掉裤子的危险	
高立裆设计、横裆增宽设计	穿着舒适，在下蹲或做其他动作的情况下不会感觉到太大的束缚	
防水拉链及其他防水处理	防雨水、雪水渗入身体	

（三）面料选择

冲锋裤的面料同冲锋衣面料的分类相同，也主要分为两层面料和三层面料，其特点及使用方法与上衣完全一样。

（四）常规款式规格设计

表4-6为男 M 号（175/78A）、女 M 号（170/76A）冲锋裤两件套相关规格尺寸（单位 cm）：

表4-6　冲锋裤常规款式规格设计　　　　　　　　　单位：cm

序号	男 M 号部位名称	尺寸	女 M 号部位名称	尺寸
A	裤长（含腰）	106	裤长（含腰）	105
B	腰围（紧量/松量）（整圈）	84/104	腰围（紧量/松量）（整圈）	74/96
C	臀围（整圈）	116	臀围（整圈）	108
D	裤口（整圈）	51.5	裤口（整圈）	47
E	中裆（整圈）	53.5	中裆（整圈）	48
F	前裆（除腰）	27	前裆（含腰）	27
G	后裆（除腰）	39	后裆（含腰）	38
H	门襟拉链	17	门襟拉链	12
I	前口袋长	18	前口袋长	18
J	后口袋宽	14.5	后口袋宽	14.5
K	腰宽	4	腰宽	4
L	裤口拉链	32	裤口拉链	28

（五）板型设计

男士冲锋裤结构图如图4-16所示。

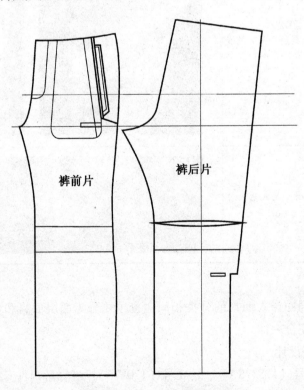

图4-16　男士冲锋裤结构图

女士冲锋裤结构图如图 4-17、图 4-18 所示。

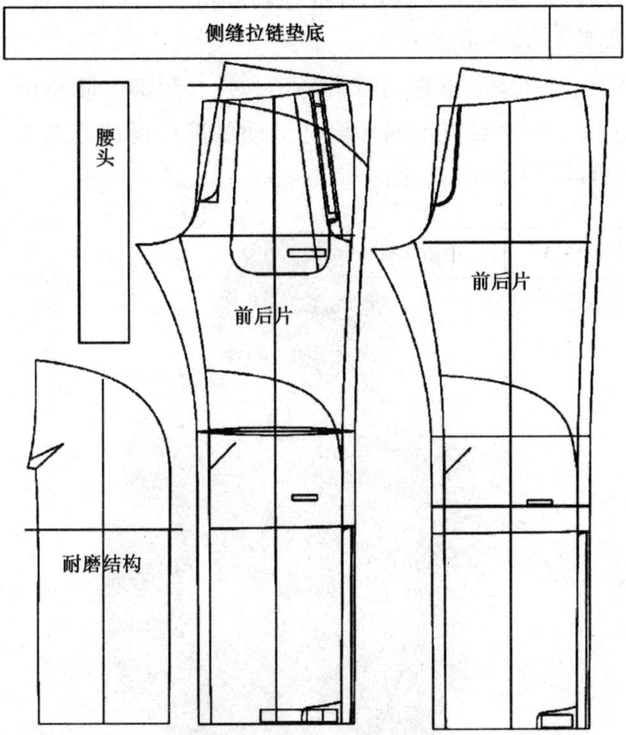

图 4-17 女士冲锋裤结构图

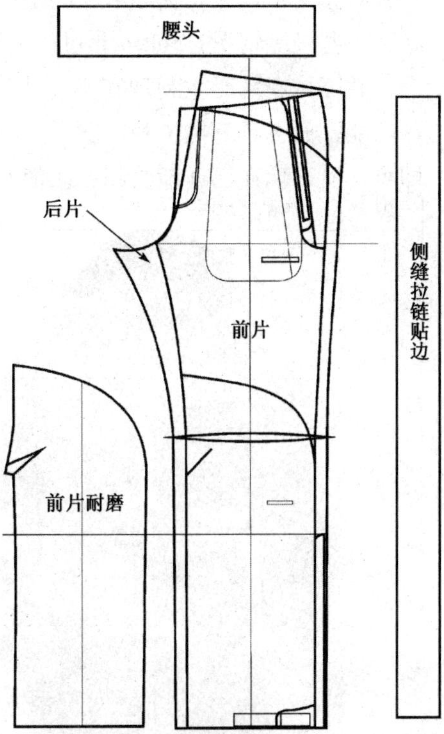

图 4-18 女士冲锋裤结构图

三、软壳风衣的结构与工艺设计

Marmot 公司对"软壳"的定义是舒适、透气、耐久和多功能。但大多数人仍然认为 Softshell 没有严格的定义，它只是在保持出色的透气性和足够舒适性的同时提供较好的气候适应性和穿着耐久性的一类服装。这些主要性能赋予 Softshell 在运动和环境方面很宽的使用范围，其延展性可以适应大部分的形体运动甚至是舞蹈，并且有出色的透气性，这类服装因为使用了三层复合的面料还使穿着层次更加简单化。

（一）款式特点

软壳风衣面料是梭织与针织面料或针织与针织面料贴合的复合面料，在保暖防风面料上加防水层，是介于抓绒衣和冲锋衣之间的一种过渡服装，适合春夏之交和秋冬之交穿着的服装。软壳风衣，重量轻便于携带。其英文名称是 Softshell。所谓 soft，是相对于 hard 而言，hard 是指具有完全防水、一定的透气性能的多层衣物复合材料，也就是复合了 Gore-tex，event 之类的材料；而 soft 是要比 hard 轻量级，这个轻量级表现在：一是在衣物材料上，绝大多数要比 hard 材料柔软、有弹性，二是指其功能上柔软，顶级 Softshell 多采用 Windstopper 材料，内部有微绒，外表经过 DWR 处理，具有一点防水性能并且有优秀的防风、透气、保温性，但防水性能弱于 Gore-tex 之类，同时 Softshell 需要对身体进行全方位的保护，并且要有 shell 的功能性，所以其制作的上衣绝大多数都自带帽子，并且有若干防水口袋，在易磨损的地方使用加强材料，并且具有各种调节功能。也就是说，除了一些极端情况，Softshell 可以完全代替 Hardshell 的功能。

软壳风衣从诞生到现在不过十年左右，但是由于它同时具备了弹性、耐磨、防小雨等功能，而且具有抗风和保暖性可供选择，只要对应不同环境和运动量进行设计或选择即可，所以现在已逐渐受到更多消费者青睐（图 4-19、图 4-20）。

图 4-19　女士软壳风衣款式一　　　　　图 4-20　女士软壳风衣款式二

（二）软壳衣裤的款式工艺特点

软壳衣裤的款式工艺特点见表 4-7。

表 4-7　软壳衣裤的款式工艺特点

工艺部位名称	工艺特点与功能	工艺部位图片
面料——摇粒绒与梭（针）织面料贴合的复合面料	出色的透气性和足够舒适性，较好的气候适应性和穿着耐久性。使穿着层次简单化	

工艺部位名称	工艺特点与功能	工艺部位图片
袖口的可调节设计	防风防雪灌入的效果	
连帽或立领	防风效果更好，帽子的剪裁收线更加讲究细节	
防水口袋	防水并方便物品的收纳	
袖子裁剪及腋下工艺无需压褶，形成了自然弯曲的弧度	方便户外运动，袖筒软而贴身，不板直僵硬	

（三）软壳上衣常规款式规格设计

软壳上衣常规款式规格设计见表4-8。

表4-8 软壳上衣常规款式规格设计　　　　单位：cm

男士软壳上衣部位	175/96A	女士软壳上衣部位	165/88A
A（衣长—肩顶量）	72	A（衣长—肩顶量）	65
B（胸围—腋下2 cm）	57	B（胸围—腋下2 cm）	49
C（腰围）		C（腰围）	43
D（1/2下摆）	55	D（1/2下摆）	51
E（后中袖长）	87	E（后中袖长）	80
F（袖肥）	26	F（袖肥）	22
F（袖隆）	27	F（袖隆）	23
G（1/2袖口）	14	G（1/2袖口）	13
H（领围）	53	H（领围）	50
I（后领高）	9	I（后领高）	8.5
I（前领高）	8.5	I（前领高）	8

（四）板型设计

以男士软壳外套为例，如图4-21所示。

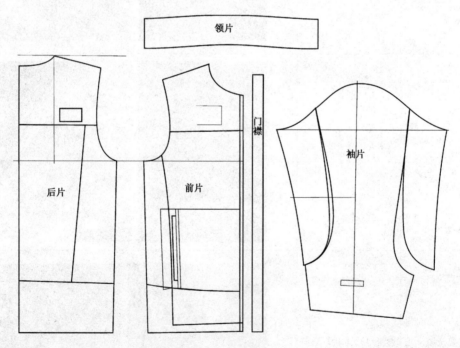

图4-21　男士软壳外套结构图

四、中间保暖层的结构与工艺设计

中间保暖层主要是指抓绒类外套、软壳及内穿羽绒服，抓绒主要由Polyester制成的Fleece（抓绒），是主要的冬季户外运动保温面料。抓绒衣在户外穿着时的主要功能就是保暖及防风。软壳即可作为外套来穿着，又可作为中间保暖层穿着。户外羽绒服既可作为外套穿着，又可作为中间保暖层穿着。户外羽绒服和普通休闲羽绒服的不同，一是所用的羽绒基本上是鹅绒为主，而且是高含绒量的鹅绒，二是选择的面料基本上都是抗撕裂性能、防泼水性能很好的超细锦纶面料，三是细节上的设计考虑和解决了更多的户外运动中经常遇到的一些问题，如口袋的防水、帽子的防风、袖口的可调节设计，以及整件衣服的缩小收纳等。下面主要讲解抓绒类保暖层的款式及工艺特点。

（一）款式特点

款式理想的抓绒服装通常按照人体曲线尺寸设计，立体裁剪。紧凑的裁剪方式，使服装在保证运动功能的前提下，体积小、重量轻，同时紧凑的裁剪提高了服装个性化设计。防风抓绒在运动中保持人体干爽，服装在防风雨面料里加了平织网眼衬里，把身体与防水膜隔开。两侧口袋的开口较高，就算穿着安全带和背包腰带也不会阻碍；密合式防水插兜内衬为暖手绒，采用防水拉链；弹力袖口，领部及下摆有单手可调节的收紧带。

（二）抓绒衣的款式工艺特点

抓绒衣的款式工艺特点见表4-9。

表4-9　抓绒衣的款式工艺特点

工艺部位名称	工艺特点与功能	工艺部位图片
裁剪方式紧凑	在保证运动功能的前提下，体积小、重量轻，在运动中减少摩擦	
腋下预制皱折	方便攀爬的手臂伸展运动	

工艺部位名称	工艺特点与功能	工艺部位图片
较长的上身设计、略长的后背裁剪	攀爬过程中避免露出后腰	
领子高	护颊设计，还可内藏防风雨帽	
上臂部位设计隐藏式拉链及口袋	可装 GPS 或对讲机等	
弹力袖口	增加保暖调节性	

（三）面料选择

抓绒是将超细化学纤维制成毛纱，织制成织物，用金属丝刷拉绒，表面再经过机器进行剪绒后制成的。今天的抓绒是高科技、高性能的面料，摸上去非常温暖柔软，能通过毛细作用吸走潮气，即使湿透了也很容易干。Polyester 天生具有防泼水性，微纤维科技的发展，以及 DWR 应用在一些质量较重的抓绒表面，使得抓绒的防泼水性能得到更大提高。传统的抓绒基本上是不防风的。多年以来，新材料研发的趋势就是改进抓绒的防风性能来提高保暖性。抓绒品种很多，功能各异，其中最著名的、市场占有率最大的还是 Polartec 系列产品。

Polartec 是美国 MaldenMills 公司推出的面料，它拥有 10 多个品牌名称，100 多种不同的面料，基本上可分为三个系列：主要用作内衣的 N2S 系列，用作保暖层的 Insulation 系列和用作防风的 Weatherprotection 系列。

N2S（Nexttoskin）系列分为 PowerDry 和 PowerStreth。PowerDry 是一种多层复合材料，特殊的纤维织法使面料两面有不同的特性，一面吸汗，一面速干，主要作为贴身层服装。PowerStreth 具有双层结构，表层防风、耐磨，细绒面的内层提高保暖和舒适性，而且具有四向弹力，这使它不仅可以做内衣，还可以用来做轻便的保暖层。

Insulation 系列中有常见的 Classic 和 ThermalPro。Classic 是 MaldenMills 公司最早生产出的三种不同重量的抓绒面料。100 系列又称细绒（microfleece），是最轻的常规抓绒，除了寒冷的天气，都可以用到；200 系列每平方米的重量是 100 系列的 2 倍，保暖性比 100系列好，又没有 300 系列那么重；300 系列最暖和。ThermalPro 曾经是 Polartec 里面最保暖的面料，相对 Classic 来讲，具有更好的耐久性，经过反复洗涤仍然能保持良好的保暖效果。ThermalPro 具有很好的温度—质量比，低密度但具备高性能，提供优异的透气性并保证最大限度的温暖。

图 4-22　抓绒面料细节一

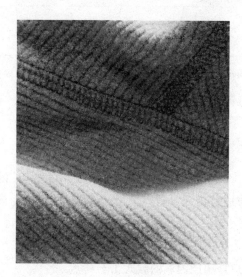

图 4-23　抓绒面料细节二

（四）抓绒衣常规款式规格设计

抓绒衣常规款式规格设计见表4-10。

表4-10　抓绒外套常规款式规格设计　　　　　　　单位：cm

男款抓绒外套尺寸（175/92A）		女款抓绒外套尺寸（165/88A）	
部位名称	尺寸	部位名称	尺寸
后中长	73	后中长	65
前肩点衣长	71	前肩点衣长	63
1/2 胸围	54	1/2 胸围	50
1/2 腰围		1/2 腰围	44
1/2 下摆	53	1/2 下摆	51
后中袖长	87	后中袖长	80
胸宽	41	胸宽	38
背宽	43	背宽	40
袖窿直量	26	袖窿直量	22
袖肥	25	袖肥	21
袖口	12	袖口	11
领围	52	下领围	49
横领宽	18.5（19）	横领宽	17（17.5）
前领深	10.5（9.5）	前领深	9.5（8.5）
领高	7.5/7	领高	7/6.5
下袋开口	18	下袋开口	16
胸袋开口	14	胸袋开口	13

（五）板型设计

与软壳衣相近，见软壳衣相应章节。

五、户外功能内衣的结构与工艺设计

内衣主要是指贴身衣物，如短内裤、长内衣裤、衬衫等，在户外运动中，内衣的主要作用是排汗、透气和保暖舒适。不同的环境、不同的季节，这几种功能又有不同的侧重，春、夏、秋三季的内衣主要是排汗、透气，而冬季和初春的内衣要以保暖为主。

（一）户外功能内衣的款式工艺特点

户外功能内衣的款式工艺特点见表4-11。

表 4-11　户外功能内衣的款式工艺特点

工艺部位名称	工艺特点与功能	工艺部位图片
裁剪松量稍宽松些	再排汗的内衣材料也不可能瞬间就将汗气排出,内衣会因为潮湿而造成与身体的粘贴并带走身体的热量	
接缝要尽量少	接缝的缝制最好平接,尤其是肩缝的缝制。如果接缝过于粗厚,会加大衣物与身体的摩擦,影响舒适度	
插肩袖或肩部采用过肩形式	由于经常是要负重行走,所以对肩缝要求要舒适平整	
后背、腋下及袖肘的结构设计同外套	满足户外运动时的功能及舒适性需求	

（二）面料选择

服装的保暖原理多数是使用空气层原理，就是在身体周围形成一个空气层环境，典型的例子是羽绒服装，这个原理也被采用到内衣上，如在内衣面料内层再进行拉绒处理，效果有点像抓绒。还有就是利用材料本身的保暖，如羊毛、棉等。但是，似乎所有的适合内衣的纤维材料都不能完全适合于运动内衣的要求，所以，不同材料的混合使用就成为比较理想的选择，如棉或者羊毛与 Coolmax 一类的异型聚酯纤维混合。在纺织过程中根据各种纤维的特点将不同的纤维混合使用，这些方法主要有混纺、混织、复合等。

（三）户外功能内衣常规款式规格设计

户外功能内衣常规款式规格设计见表4-12。

表4-12　功能内衣常规款式规格设计　　　　　　　　单位：cm

男款功能内衣尺寸（175/92A）		女款功能内衣尺寸（165/88A）	
部位名称	尺寸	部位名称	尺寸
后中长	75	后中长	66
前肩点衣长	70	前肩点衣长	64
1/2 胸围	52	1/2 胸围	45
1/2 腰围	51	1/2 腰围	39
1/2 下摆	50	1/2 下摆	46
胸宽		胸宽	
背宽		背宽	
袖长	63	前门襟长	17
肩宽	44	前后下摆差	3
袖窿直量	23	后中袖长	81
袖肥	22	袖窿直量	20
袖口	11	袖肥	19
前领深	10	袖口	9
领围		下领围	46
横领宽		横领宽	
前领深		前领深	
后/前领高	7	后/前领高	6
裤长	103	裤长	96
腰围		腰围松量	32
臀围		臀围	47
腿围		腿围	25.5
前裆		前裆	26
后裆		后裆	34
半裤口		半裤口	11

第二节　滑雪装的结构与工艺设计

一、滑雪服的结构与工艺设计

滑雪服一般分为竞技服和旅游服。竞技服是根据比赛项目的特点而设计的，注重运动成绩的提高。旅游服主要是保暖、美观、舒适、实用。滑雪服的颜色一般十分鲜艳，这不仅是从美观上考虑，更主要是从安全方面着想。如果在高山上滑雪特别是在陡峭的山坡上，远离修建的滑雪场地易发生雪崩或迷失方向，在这种情况下鲜艳的服装就为寻找提供了良好的视觉。

（一）滑雪服的款式工艺特点

滑雪服的款式工艺特点见表4-13。

表4-13　滑雪服的款式工艺特点

工艺部位名称	工艺特点与功能	工艺部位图片
上衣板型要宽松	衣袖的长度应以向上伸直手臂后略长于手腕部为标准，因为上肢在滑雪过程中处于一种全方位运动中	
防风袖口	袖口应为缩口并有可调松紧的功能，保暖和防止风雪从袖口进入衣袖	

工艺部位名称	工艺特点与功能	工艺部位图片
领口应为直立的高领开口	防止冷空气和冰雪的进入	
中间收腰有腰带或抽带，也有防雪裙的设计	保暖，防止滑行跌倒后雪从腰部进入滑雪服	
醒目色调	颜色醒目以避免碰撞事故和雪盲症的发生	

工艺部位名称	工艺特点与功能	工艺部位图片
滑雪服的开口以大拉链为主，且拉头不宜短	以便戴手套时也可方便操作	
若干个开启方便的大口袋	由于经常需要用手去整理滑雪器材和持握雪杖滑行将一些常用的滑雪用品分门别类地装入其中，方便使用	
防水拉链	防止雨雪深入衣服内部	

（二）面料选择

　　滑雪服的面料应选用耐磨防撕、防风、表面经防风处理的尼龙或防撕布材料，如尼龙塔丝隆面料、塔丝隆牛津面料等。面料的反面都有一层防水透湿薄膜或涂层处理，这样既能防止雪融化后渗入衣服，又能在剧烈的运动中帮助衣服内的汗气迅速排出。滑雪服和冲锋衣有所不同的地方就是滑雪服的内里一般都充有羽绒或保暖棉，以适应户外较低的气温。

（三）滑雪服常规款式规格设计

　　滑雪服常规款式规格设计见表4-14。

表4-14　滑雪服常规款式规格设计

男款滑雪服尺寸（175/96A）		女款滑雪服尺寸（165/88A）	
部位名称	尺寸	部位名称	尺寸
后中长	76	后中长	68
前衣长（始肩点）	72	前衣长（始肩点）	64
1/2 胸围	62	1/2 胸围	54
1/2 腰围		1/2 腰围	48
1/2 下摆	60	1/2 下摆	56
前后下摆差		前后下摆差	4
后中袖长	89	后中袖长	82
胸宽	45.5	胸宽	37
背宽	48.5	背宽	40
袖隆	28.5	袖隆	24
袖肥	26.5	袖肥	23
袖口（松量）	15/12	袖口（松量）	14/10
领围	55	领围	52
领高	9/10	领高	8.5/9.5

（四）滑雪服基本的板型设计

　　滑雪服基本的板型设计如图4-24～图4-27所示。

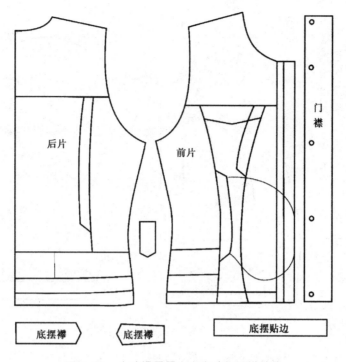

图 4-24　女式滑雪服上衣衣片与门襟结构

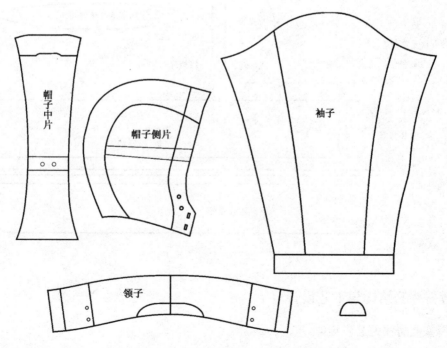

图 4-25　女式滑雪服帽子、袖子、领子结构

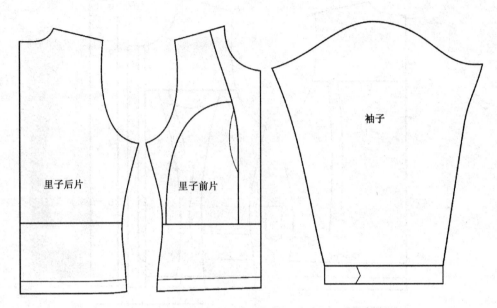

图 4-26　女式滑雪服衣片里子结构

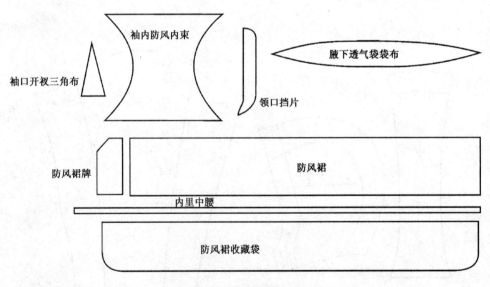

图 4-27　女式滑雪服防风裙结构

二、滑雪裤的结构与工艺设计

（一）滑雪裤的款式工艺特点

滑雪裤的款式工艺特点见表 4-15。

表 4-15　滑雪裤的款式工艺特点

工艺部位名称	工艺特点与功能	工艺部位图片
滑雪裤裤长	滑雪裤的长度应当以人蹲下后裤口到脚踝部长度为宜	
裤腿下开口双层结构	内层有带防滑橡胶的松紧收口,能紧紧地绷在滑雪靴上,可有效地防止进雪	
外层内侧有耐磨的硬衬	防止滑行时滑雪靴互相磕碰导致外层破损	
腰带有调节松紧装置	高腰式分体裤子有可拆卸背带或软腰带	

工艺部位名称	工艺特点与功能	工艺部位图片
防水拉链	防止雨雪渗入衣服内部	
透气拉链	散热作用	
连体式设计	防止冰雪从腰部进入身体，但要方便穿脱	

（二）面料选择

面料选择同上衣。

（三）滑雪裤常规款式规格设计

常规规格设计同冲锋裤类似，参考冲锋裤相应章节。

（四）滑雪裤基本的板型设计

滑雪裤基本的板型设计如图4-28所示。

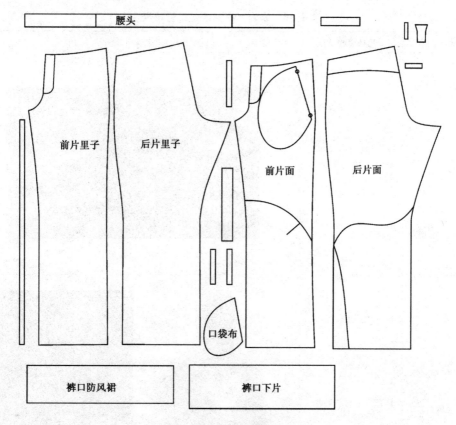

图4-28　女式滑雪裤结构

第三节　攀岩装的结构与工艺设计

一、攀岩外套的结构与工艺设计

攀岩运动也属于登山运动，攀登对象主要是岩石峭壁或人造岩墙。攀登时不用工具，仅靠手脚和身体的平衡向上运动，手和手臂要根据支点的不同，采用各种用力方法，如抓、握、挂、抠、撑、推、压等，所以对人的力量要求及身体的柔韧性要求都较高。攀岩时要系上安全带和保护绳，配备绳索等以免发生危险。攀岩服就是在攀岩时穿着的装备，所以攀岩服的设计特点主要是满足攀岩时大幅度的肢体运动的需求，同时，满足在攀登时衣服耐磨需求。

（一）攀岩上衣的款式工艺特点

攀岩上衣的款式工艺特点见表4-16。

表4-16 攀岩上衣的款式工艺特点

工艺部位名称	工艺特点与功能	工艺部位图片
肘部、肩部使用耐磨尼龙	攀岩与岩石摩擦时，增强衣物的抗磨性能	
前胸和下摆使用高密度防风面料	具有一定的防风性	
腋下、后背大面积采用超透气面料	攀岩的过程中具有较强的散热性	

续表

工艺部位名称	工艺特点与功能	工艺部位图片
前胸高开拉链口袋	避免穿戴安全带后开合拉链的不便	
袖口采用弹力伸缩袖口及拇指扣设计	方便保暖需要	
腋下结构采用全挥杆设计	满足攀岩时手臂上举的运动需求	
内接缝可有防风防雨胶条	防风雪、保暖	

（二）面料选择

攀岩服要根据季节的不同采用不同的面料品种，但有个共同的特点就是无论什么季节，所用面料都需要有弹性，这也是攀岩运动所需要的。春秋季节的攀岩外套可以分软壳类、薄弹力夹克类，以及针织外套类，软壳类的面料比起通常的软壳要更有弹性并更加耐磨，可选用较为轻薄的尼龙四面弹面料或尼龙机械弹面料来和抓绒面料复合，但后背的面料一般会选择透气性更好的针织复合面料；弹力夹克的面料一般是尼龙四面弹面料，并在肘部、肩部及前胸使用弹力耐磨面料，如 Cordura、Kevlar 等；针织类外套一般会用在抱石或室内攀岩馆等比较休闲的场合。

（三）常规攀岩夹克规格尺寸设计

常规攀岩夹克规格尺寸设计见表4-17。

表4-17　常规攀岩夹克规格尺寸设计　　　　　　　　单位：cm

男款攀岩夹克尺寸表（175/96A）		女款攀岩夹克尺寸表（165/88A）	
部位名称	尺寸	部位名称	尺寸
A（衣长—肩顶量）	72	A（衣长—肩顶量）	65
B（胸围—腋下2 cm）	59	B（胸围—腋下2 cm）	52
C（腰围）		C（腰围）	46
D（1/2下摆）	57	D（1/2下摆）	54
E（后中袖长）	87	E（后中袖长）	80.5
F（袖肥）	26	F（袖肥）	20
F（袖窿）	27	F（袖窿）	21
G（1/2袖口）	14	G（1/2袖口）	13
H（领围）	52	H（领围）	48
I（后领高）	8	I（后领高）	7
I（前领高）	7.5	I（前领高）	

（四）板型设计

整体板型采用修身立体剪裁技术，立领护颈设计更舒适，腋下结构采用全挥杆设计，更能满足攀岩时的运动需求。

二、攀岩裤的结构与工艺设计

攀岩裤，顾名思义就是主要在攀岩、抱石或是攀冰时穿着的裤子，同上衣一样，也是要满足攀岩时大幅度动作的需要，同时满足在攀登时衣服耐岩石摩擦的需求。

（一）攀岩裤的款式工艺特点

攀岩裤的款式工艺特点见表4-18。

表 4-18 攀岩裤的款式工艺特点

工艺部位名称	工艺特点与功能	工艺部位图片
膝盖立体拼接设计	增加活动舒适性	
膝盖和裤口部位拼接耐磨面料	满足在攀登时衣服耐岩石摩擦的需求	
裤口可安装橡筋及绳扣	调节裤口的大小尺寸	
腰部用橡筋等松度调节装置	调节腰围大小及舒适度	

（二）面料选择

攀岩裤的面料选择和上衣基本相同，都是首先要满足攀岩、抱石、攀冰时大跨度的肢体运动需求和满足在攀登时衣服耐岩石摩擦的需求。面料根据季节的不同，可以分为软壳面料、尼龙四面弹面料和偏休闲的牛仔或纯棉混纺面料，软壳面料的选用和上衣基本相同，尼龙四面弹面料是最近两年开始流行起来的面料品种，流行起来的原因就是它能满足户外运动时的伸张性及舒适性的需求。根据季节不同，面料的厚薄也不同，夏季可以选用较为轻薄的单面平纹或是小方格弹力布，春秋季可以选用单面加厚或是双面反面拉毛尼龙四面弹面料。同上衣一样，裤子同样需要在一些部位来做面料和工艺加强，主要是膝盖、裤口及后臀部位，在后膝及大腿内侧缝这些易出汗部位用针织面料，如尼龙网眼面料或单面尼龙抓毛布来加强透气性。

（三）攀岩裤常规款式规格设计

攀岩裤常规款式规格设计见表4-19。

表4-19　常规攀岩弹力裤规格设计　　　　　　　　单位：cm

男款攀岩弹力裤尺寸表（175/80B）			女款攀岩弹力裤尺寸表（165/88A）		
部位	细部要求	尺寸	部位	细部要求	尺寸
外长	含腰侧缝线量	107	外长	含腰侧缝线量	102
腰围松量	弯量	80	腰围松量	弯量	71
腰围拉量		98	腰围拉量		88
无松紧的腰	弯量	86	腰围	无松紧弯量	79
臀围	弯量	107	臀围	弯量	97
前裆	除腰	24	前裆	除腰	20
后裆	除腰	37	后裆	除腰	32
腿围		64	腿围	裆底	60
中裆	裆底下33 cm（M码）	47	中裆	裆底下30.5 cm（S码）	42
裤口		43	裤口		39
腰高		4	腰高		4

（四）攀岩裤板型设计

攀岩裤板型设计如图4-29、图4-30所示。

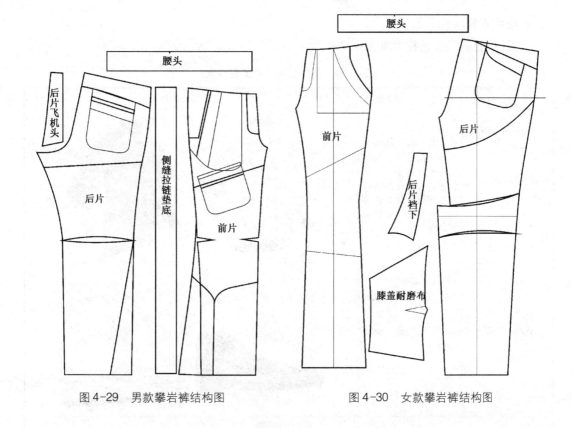

图 4-29 男款攀岩裤结构图   图 4-30 女款攀岩裤结构图

第四节 骑行服的结构与工艺设计

一、紧身骑行服的结构与工艺设计

高档骑行服要求对身体具有良好的保护性、对不同外部环境的适应性以及骑行者穿着时较好的舒适性。骑行服的功能性结构设计及细节设计如图 4-31 所示。

图 4-31 骑行服款式

（一）骑行衣的款式工艺特点

骑行衣的款式工艺特点见表4-20。

表4-20　骑行衣的款式工艺特点

工艺部位名称	工艺特点与功能	工艺部位图片
前衣片较后衣片要短	由于骑行时人体的上半身向前倾斜，与地面基本保持平行，所以前片较短以防骑行时会造成前片有过多的面料叠加，影响骑行动作	
上衣下摆、袖口须装有防滑带	防止上衣、袖子向上滑移	
前门襟有拉链，短袖、插肩袖设计	方便穿脱，并配合协调人体骑行时的姿势	
后背有贴袋	骑行时可以装小的物件	

续表

工艺部位名称	工艺特点与功能	工艺部位图片
腋下和后袖口处采用网眼面料，后背或手臂有反光标	网眼面料更利于人体排汗透气，反光则表安全提示	
领子贴合人体颈部	否则骑行时易受风阻的影响，导致骑行者的成绩降低，防止紫外线的照射对人体产生伤害	

（二）面料选择

冬季骑行适合选用厚抓绒面料，此面料比较厚重，内侧带有绒毛。天气寒冷汗液排出较少，因此厚抓绒骑行服更加注重保暖性能，对透气、速干等性能要求较低；深秋和初春时，天气依旧比较冷且对透气性有一定需求时，可以选择薄抓绒面料的骑行服来穿着；至四月份天气慢慢转热，在骑行过程中已经需要把骑行服的性能更多的从保暖性能转移到透气速干的性能上来。因此薄抓绒骑行服将被厚网眼面料的骑行服所代替，兼备一定的保暖性能；到了夏季，厚网眼面料制作的骑行服也不再适合穿着，面料改为薄网眼面料制作，薄网眼面料成分及结构同厚网眼面料，只是布料较薄，更加透气，因此速干性能也要优于厚网眼面料，同时兼备一定的防紫外线性能。

（三）骑行服常规款式规格设计

骑行服常规款式规格设计见表4-21。

表 4-21　常规短袖骑行服规格设计　　　　　　　单位：cm

男款短袖骑行服尺寸表（175）		女款短袖骑行服尺寸表（165）	
部位	尺寸	部位	尺寸
总横领宽	16.5	总横领宽	15
前领深	7.5	前领深	7
1/2 胸围	50	1/2 胸围	94
1/2 裤口平度	38	1/2 裤口平度	32
1/2 裤口拉紧	48	1/2 裤口拉紧	42
前衣长	62	前衣长	56
后衣长	68	后衣长	60
袖长	36	袖长	32
1/2 袖臂	19	1/2 袖臂	17
1/2 袖口松紧平度	13	1/2 袖口松紧平度	11
后背袋深	18	后背袋深	16
后背袋松紧平度	33	后背袋松紧平度	30

（四）骑行服板型设计

为了保证骑行运动员取得最好成绩，根据人体结构和运动员骑行时的动态姿势，设计出骑行服装的结构制版图，满足运动的功能性，骑行上衣基本板型设计如图 4-32、图 4-33 所示。

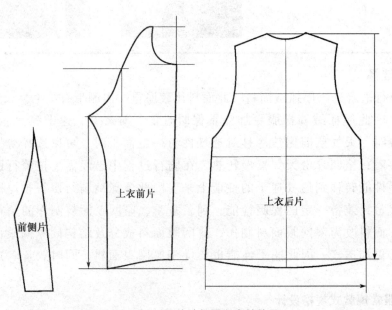

前侧片　　上衣前片　　上衣后片

图 4-32　男款骑行服衣身结构图

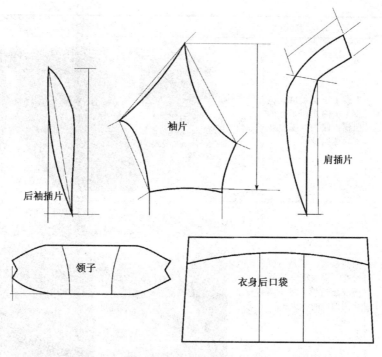

图 4-33　男款骑行服袖片、口袋等结构图

二、骑行裤的结构与工艺设计

骑行裤是骑行运动过程中追求舒适的裤装，有连身款和非连身款之差别，还有长裤和半截裤之区分。

（一）骑行裤的款式工艺特点

骑行裤的款式工艺特点见表 4-22。

表 4-22　骑行裤的款式工艺特点

工艺部位名称	工艺特点与功能	工艺部位图片
弹性面料、紧身设计	包裹臀部、大腿的肌肉，具有保护运动肌肉的作用，并有利于骑车时风阻减少	

工艺部位名称	工艺特点与功能	工艺部位图片
内侧采用四针六线拼合工艺	大腿上下运动时，减少大腿内侧与车座的摩擦，保护大腿皮肤不被擦伤	采用四针六线包缝工艺，减少腿部摩擦产生的不适。
内垫设计	适当减震，扩散压强分布，减少骑车不适感和压迫感，减少对会阴部位的压迫	
大腿前后两侧都有一些反光设计	美观，并保证了夜间骑行的安全	
裤口装有防滑带	防止裤子向上滑移	裤腿内层捷酷标防滑带，贴合皮肤。

（二）面料选择

面料选择同上衣。

（三）骑行裤常规款式规格设计

骑行裤常规款式规格设计见表4-23。

表4-23 常规骑行裤规格设计 单位：cm

男款骑行裤尺寸表（175）		女款骑行裤尺寸表（165）	
部位	尺寸	部位	尺寸
裤长	长款：107 短款：55	裤长	长款：102 短款：55
腰围	69	腰围	55
臀围	88	臀围	82
腿围	49	腿围	46
前裆	22	前裆	19
后裆	38	后裆	34
膝围	40	膝围	36
裤口	长款：26	裤口	长款：21

（四）骑行裤板型设计

骑行裤板型设计如图4-34～图4-36所示。

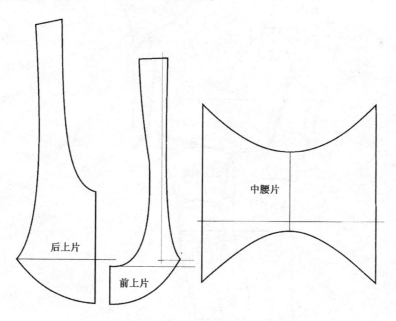

图4-34 男款骑行连身裤上衣结构

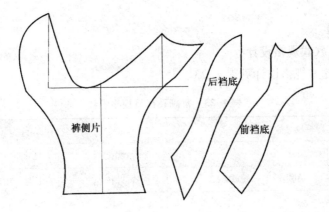

图 4-35 男款骑行连身裤裤片结构

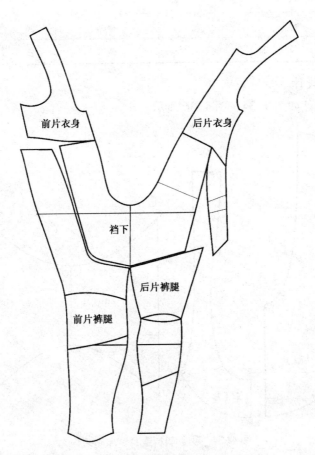

图 4-36 男款骑行连身裤裤片结构图

第五章

户外服饰的色彩与款式设计

第一节　户外服饰设计的要点

户外服饰的设计不同于常规的服装设计，首要考虑的是运动项目定位，不同的运动项目其环境气候、运动强度不同，在设计过程中的面料选择和功能性细节会有较大差异，比如越野跑因不需要携带过多物品，服装的口袋设计要尽量少，另外因越野跑的运动量大，应以吸湿透气材料为主要选择；而钓鱼类运动项目相对来说，静止状态较多，同时有许多工具需随身携带，所以该类服装口袋设计多并同时应具有防潮功能。其次要考虑该运动项目的消费者定位，包括该类消费者所能够接受的价格、所喜欢的风格、品牌定位等。

具体着手设计时，户外服装强调功能性、舒适性及时尚性的结合。户外运动是专业性较强的活动，除了对参与者本身体能的要求外，还要求户外服装能适应恶劣的天气和复杂的地理环境。对户外运动服装功能、品质的苛刻要求，有时需要使用某些高科技先进材料和专业的性能设计才可以满足。所以在功能性、舒适性、时尚性三个方面特别是在极限运动和特殊需求时（如5 000 m以上的登山、南北极探险、摩托车赛等），放在首位的就是功能性，包括功能性材料的选择、功能性款式细节的设计、功能性色彩设计、功能性工艺设计等。即便是普通户外出行，仍有两个不成文的原则：一是适用原则，二是减行原则。所谓适用原则即出行户外选择服装应考虑户外的客观要求，如环境气候多变，风雨无常，因此要求服装的着眼点应是既能防风、遮雨，又可保暖、御寒，在夏天透气凉爽不粘身；而简行原则要求行装力求精简，俗话说百里无轻担，长途跋涉、爬山穿谷，行装当然是越轻越好。

当然户外服装和其他服装一样，也需要满足人们对美、对时尚的追求。户外服装的时尚美主要是体现在色彩搭配与款式上，靓丽的色彩既是美的体现，同时在户外环境中靓丽而动人的形象也起到了易于寻找发现的作用。相比较色彩的设计，款式设计相对保守，以功能与舒适为主，削繁取简，只保留功能性和舒适性设计细节。图5-1～图5-4为四种不同定位、不同风格的户外品牌。

图5-1　艾高户外服

图5-2 伯格纳滑雪服

图5-3 kolonsport 登山服

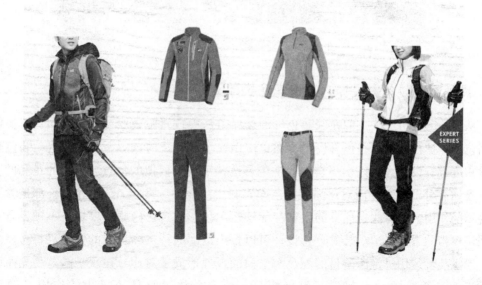

图5-4 布来亚克登山服

第二节 户外服饰的色彩设计

色彩要素是运动装设计中非常重要的一个环节。在运动装设计中，色彩要素既要发挥美化功能来满足人们心理审美的需求，也要起到实用功能，符合安全因素和穿着特点的需要。同时设计师在考虑色彩的选择时，还要从流行角度、市场的需求和运动的环境等方面进行综合的考虑（图5-5）。

图5-5　户外环境中艳丽的色彩设计

一、户外运动装色彩设计必须考虑防护因素

　　从安全需要考虑，人们在服装色彩的选择上从大自然中吸取灵感，向动、植物们学习用色彩保护自己。这些色彩设计习惯也应用在了运动装的色彩设计上。运动装色彩从仿生角度进行设计，可以运用自然界中色彩地警示或是模拟的特点。植物的花和叶，动物的身体有时出现醒目而对比强烈的色彩。例如，黄色与黑色、红色和白色都是为了起到警示的作用，而有些自然界的生物却能够运用色彩把自己隐藏在环境中不被发觉，就是采用模拟的方法。运动装的色彩设计可以根据运动的特点和环境的情况进行考虑。例如，滑雪装就运用鲜艳而醒目的配色与洁白的雪地形成了对比，在赋予滑雪装亮丽而动感的视觉形象的同时也起到了目标明显、在安全救援时易于寻找的作用（图5-6、图5-7）。航海装也常运用对比强烈的色彩，白色、蓝色、红色是常见的色彩，这也是为

图5-6　户外装色彩的防护作用

了易于与海水进行区分而形成的。在狩猎或是野外考察时，人们多选择与自然环境相近的色彩，为的是形成伪装色，特别在打猎或是观察动物时不易被动物察觉。随着纺织科技的研究与发展，高性能的面料还能够根据人和环境的需要进行色彩变化。

图5-7　户外装色彩的防护作用

二、户外运动装色彩的设计必须要考虑到视觉心理特点

　　服装色彩在人们的观察过程中形成了视觉的心理感受，有些色彩感受逐渐形成了一定的规律。设计师也运用这些色彩的心理特点进行设计。例如，色彩能够引起人们对冷暖感觉的联想。红色、黄色、橙色等给人火焰和太阳的联想是温暖的，蓝色系列的色彩让人联想到大海、天空、夜色，感觉是冷的。有些色彩明亮、艳丽让人感到兴奋，有些色彩柔和、单调让人觉得安静、沉稳。同样的物体由于色彩的不同还能让人产生不同的轻重感觉，黑色就是一个典型的例子。由于色彩带给人的心理感受不同，设计师需要结合不同的气候条件、不同的运动服装的特点进行考虑。例如，炎热的夏季，运用冷色调色彩的运动装能让人感觉凉爽。寒冷的冬季，深色和暖色的运动装从视觉上让人感觉温暖而有活力。节奏轻柔、舒缓的运动，其服装多采用沉静的色彩，活泼快节奏的运动其服装多选择容易引起人兴奋的色彩。

　　户外运动装色彩的搭配运用还能产生视错觉，巧妙地运用这样的错觉还可以美化体型。在巧妙运用色彩的视觉心理特点进行运动装的色彩设计同时，服装设计中色彩的常规手段也经常被使用。例如运用色彩搭配地和谐或对比形成户外服装色彩设计的丰富变化，满足人们对户外服装审美的需要。研究表明，不同的色彩对人有着明显的心理作用。例如，性格外向的人和儿童对暖色有特殊的感应。由于红色、橘色、黄色是属于暖色系的色彩，所以它们能促成活跃的氛围，导致人们容易接受来自外界的影响，体验到温暖和强烈的感觉。这些色彩在环境中更易突出，易识别，适合运动环境的需求。

　　从具体的色相使用来看，橄榄绿是军装中最常使用的色彩，由于该颜色和自然十分接近，同时又让人联想到军装中的很多功能性设计，所以为很多喜爱旅游、徒步探险的运动爱好者偏爱。蓝色适合多种肤色的人穿着，同时代表了深远、沉着和悠久的历史感，被很多临海国家的人们喜爱。黄色、白色、红色、绿色、蓝色和黑色，这些主要色彩的特点是易吸引人的视线，它们的搭配变化使运动装的色彩更加富有时尚感。在色彩组合应用方面，色彩强烈的补色对比和对比色组合会带来视觉的冲击力，一方面增加运动时的可视性，另一方面也使人从色彩心理上更加兴奋，是竞技性户外装常用的色彩手段（图5-8），而休闲类户外装多使用邻近色组合或调和色组合（图5-9）。

图5-8　竞技性户外运动中的色彩

图5-9　休闲类户外运动中的色彩

第三节　户外服饰的款式设计

户外运动装款式设计主要表现在具体的运动特点和功能、多功能的组合、细节设计（如口袋、拉链、拼缝、反光标）等方面，不但要满足功能的需要，同时还要满足时尚与美观的要求，很多典型款式都是两者兼具。例如，服装的拉链和拉头，功能上是开合服装用的，但是拉链的色彩，材质、长短和宽窄，拉链头的形状、色彩和手感这些看似细小之处却能够影响一件户外装的美感，同时拉链是运动装重要的组成部分，拉链的位置和尺寸直接影响了服装的款式和穿着的方式。

一、运动特点与功能

　　户外运动装的款式设计十分注重与人体构造的特点及运动特点相吻合。时装设计中，有时为寻求形式上的轮廓或造型设计的美观会忽视了人体运动的需要。但是户外运动装的款式和结构的设计变化是以运动的人体为依据，因而服装的结构要能够满足运动的动态需求。与以人静止为标准而设计的服装比，户外运动装的轮廓、结构和款式更加立体化，为人体运动保留的空间更大。观察人体运动的状态会发现，运动中的人体在不同运动类别中，运动的部位和方向也很不同。如手臂的伸举和弯曲动作在户外运动中是很常见的动作，它关系到服装的袖子、体侧等部位的设计。手臂的运动幅度决定了袖子腋下的设计特别是结构设计是否具有舒适感（图5-10、图5-11），而在腋下的衣片上配以弹性材料、透气网布可以增加服装的运动舒适感、透气调温性能。裤装的膝盖部位和上装衣袖的肘部都要考虑运动肢体活动的需要，可以根据运动姿态的特点进行立体弯曲板型的设计。膝盖、肘部、肩部和服装的下摆也是在防磨设计时主要考虑的部位。

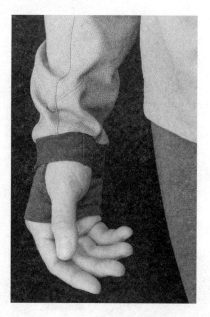

图5-10　越野跑服装的腋下结构设计　　　　图5-11　越野跑服装的袖口防寒设计

二、多功能组合与轻量化需求

　　多功能组合是户外装设计中常用的设计手法，这种方法其实是应用了加减法的手段把两件物品变成一件物品或把一件物品拆成两件物品。如速干裤在大腿部装可拆卸拉链后便可灵活地把长裤变成短裤，而三合一套装即把抓绒保暖层与两层冲锋衣用可拆卸拉链在门襟处连接，特别寒冷时把抓绒层装上，不是很冷的情况下可以只穿冲锋衣或只穿抓绒衣。

当然，多功能组合只是户外装备轻量化发展趋势的一种表现，轻量化是代表目前户外装备发展和用户需求的主要方向。服装类产品的轻量化主要来自面料功能的多样性、款式的多用途组合与制造工艺的发展。这里我们简单地把它分为三部分：

首先是面料，户外服装轻量化面料在保证防水、透气性能的前提下，让服装真正轻薄起来。目前，对于轻量化服装这个产品线来说，很多厂家都有自己的专利面料。市场上较常见的专业面料如：TORAY 公司的 DT 面料，GORE 公司的 Paclite 面料等。就 Paclite 来说，用其制作的服装不超过 550 g，裤子不超过 450 g。而轻量化的风衣材料都基本使用的是 50D 以下超强尼龙。当户外服装变为轻薄如蝉翼时，对于长途跋涉过程中"斤斤计较"的户外消费者来说无疑是最想企及的。

其次是款式功能，轻量化服装另一个特点，就是功能的多样性。它可以让一件服装同时达到防水、防风、透气、保暖等多种功能于一体。让使用者在户外既不必携带更多的衣物来达到防护效果，又减少了更换衣物所带来的麻烦。如一衣多穿或可拆卸设计等（图5-12～图5-14），正如前文所述的多功能组合设计手法。而且在设计上最强调结构简约，线条极尽简单，服装以突出功能为基础的，所以在这类服装上几乎找不到任何多余的装饰性设计。

图5-12　可折叠设计　　　　　　　　　　图5-13　可拆卸设计

冲锋衣外套　　　　　　　保暖抓绒衣　　　　　　　三合一冲锋衣

图5-14　应用加减法的可拆卸设计

其次是工艺，在面料缝制方面当下最流行的就是热贴合工艺。它完全脱离传统的针线缝合模式，不仅在缝制上拥有传统缝线工艺无可比拟的密封性和牢固性，更加节省了缝线所带来的重量。

三、细节设计

（一）口袋

多样化的口袋设计在时装设计中就是很关键的一部分，在户外运动装的设计中由于结合功能和审美的需要，口袋的设计就更加丰富多彩。口袋的位置、大小，袋口的开口方向、容量等都要根据功能需要进行设计。还有一些功能性的服装，其外部设计非常简洁，但是在服装的内部却设计了功能多变的多个口袋，可以满足放置手机、音乐播放器、护照、信用卡、地图、钥匙等各种需要。

口袋的位置也是根据人体运动时的行为习惯而设计的，观察设计在服装前胸的口袋，口袋的开口方向经常是水平或是垂直的，这样的设计不便之处是水平的开口方向妨碍手的伸取动作，垂直的开口方向又使口袋内的物体容易滑落。根据手的运动特点，前胸口袋的开口方向应该是向外倾斜的，这样的口袋既方便伸取，又使袋内的物体不宜滑落，满足了穿着者单手操作的要求。在裤子的口袋设计中，也经常出现在裤子体侧设计的立体口袋，设计的出发点是增加裤子的装物容量。但是在实际使用时，体侧的立体口袋时常在运动中被刮坏。解决这样的问题可以从口袋的立体设计上入手，例如可以保留口袋靠近腿前方的立体结构，把靠近体侧的立体口袋结构改为与裤子侧缝缝合为一体的平面结构。这样的设计思考也可以解决运动装外套的口袋问题。

还有一些从功能角度出发设计的口袋很有特色，例如，利用纽扣和尼龙搭扣设计的可移动式口袋，可以根据需要拆卸或安装在户外装上。整体的服装可以折叠进服装自带的口袋中，方便了服装的收纳（图5-15）。隐藏在服装的门襟内或者在腰部的安全隐形口袋为旅行装增加功能。由防水材料用无缝黏合技术制成的防水口袋为沙滩运动装带来便利。口袋的形状、结构和位置能够根据服装的功能和款式风格进行多样的变化，这些多样的设计在发挥功能的同时还丰富了运动装的款式设计，增加了服装的审美功能（图5-16～图5-18）。

口袋的设计在材料上也有多种选择，选用暖和的抓绒做口袋的衬里是为在寒冷的冬季给双手带来温暖、舒适的手感，既适用于极限运动的服装，也流行于都市的休闲运

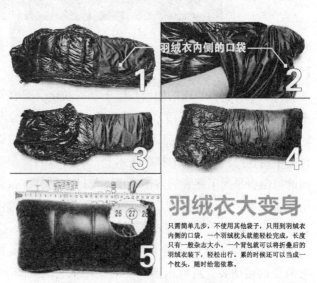

羽绒衣内侧的口袋

羽绒衣大变身

只需简单几步，不使用其他袋子，只用到羽绒衣内侧的口袋，一个羽绒枕头就能轻松完成。长度只有一般杂志大小。一个背包就可以将折叠后的羽绒衣装下，轻松出行。累的时候还可以当成一个枕头，随时给您依靠。

图5-15 可折叠为包的内袋设计

动装。超轻的网布口袋，特别是具有吸湿速干功能的网布口袋具有很好的透气功能，也同样结实耐用。

图5-16 方便存放物品的口袋设计

图5-17 方便存放各种数码产品的口袋设计

图5-18 方便攀岩的后口袋设计

（二）拉链

冲锋衣外套在衣服的侧面和腋下都有拉链，是在运动时用于透气和调节体温的，长度和位置要考虑手臂运动的舒适性（图5-19）。在冲锋衣夹克上采用防水拉链时，还要在拉链的顶端设计一个防止拉链头渗漏的拉链防水仓（图5-20）。服装采用双方向的拉链也是为了穿脱的方便（图5-21）。另外，很多的户外运动的长裤利用拉链的拆卸功能使裤长可以改变成短裤或七分裤。户外夹克的袖子也利用拉链的拆卸功能变成马甲。拉链的拆卸功能还能为服装增加或减少保暖层，用透气的网布和面料制作的两层的运动装，可以根据温度的变化安装或拆卸下外层衣片，以达到调温和透气的作用。拉链头也是户外装设计时要注意的

图5-19 方便散热的腋下拉链设计

一个细节。外套或滑雪服的口袋采用拉链是为了防止存放的物体散落，配上尺寸大些的拉链头更便于冬天戴手套时打开口袋。拉链头的颜色常选对比色，或是明快的色彩起到装饰和容易识别的作用。把服装的品牌标志运用到拉链头的设计上，也起到了既突出品牌标志又点缀服装的作用（图5-22）。

图5-20　结合分割的拉链
　　　　头盖设计

图5-21　方便背带裤脱卸
　　　　的拉链设计

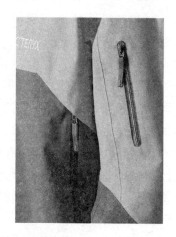
图5-22　对比色的
　　　　拉链设计

（三）拼缝

　　户外运动装的拼缝是一个不能忽视的细节，拼缝是服装衣片拼合的衔接部分。在这些缝合部位要根据服装的具体特点进行设计。例如，一些缝合部分要通过线迹的设计进行牢固和强化，有些部分通过色彩的变化和线迹的变化也起到装饰的作用。防雨夹克的肩部通常要避免拼缝的出现，这是由于肩部是雨水主要的接触部位。紧贴身体的运动装也需要无缝一体的制造技术为身体带来更顺滑舒适的感觉。激光镭射的裁剪技术也增加了面料拼缝的变化，不用锁边的面料在缝合时可以任意进行变化，面料的裁剪边缘也可以呈现出曲线或是齿状的不同效果（图5-23～图5-25）。

图5-23　拼缝处的防水胶条处理

图5-24　拼缝的加固处理

图5-25　激光镭射裁剪技术
　　　　在拼缝的应用

（四）反光标

户外运动装上反光条的运用是很常见的，是为了增强在光线较弱的清晨或夜色中运动时的识别。在黯淡的视觉条件下，反光材料能够反射光源，能引起注意。要注意在运用时反光条放置的位置，特别要放在服装的背后，即人的视角不易顾及的区域。由反光材料做成的拉链、品牌标志、滚边、织带和面料，可以灵活运用在运动装和服饰品的很多部位，

图5-26　反光标在服装后背的应用

在提供安全的同时增加了服装的时尚和创意元素（图5-26）。

（五）调节设计

出于保暖、防风的防护需求，户外运动装在进行款式设计时，十分注重对尼龙搭扣、绳带或其他收缩调节细节的开发。这些细节设计都是通过对某项户外运动进行了解，根据具体的需求进行的设计。这些调节设计往往是重点部分，如领子、袖口、帽子、腰部、裤口等很多的户外装部位都需要具备功能性的调节功能，这些调节设计也能变化服装的款式和轮廓，增加运动装的时尚感。服装调节功能可通过尼龙搭扣、弹力绳和调节扣等服装部件实现，这些调节的小工具在选择色彩、材料上也要和服装整体协调，色彩可以更加醒目和活泼。同时这些调节设计不能成为阻碍运动的绊脚石，如尼龙搭扣的材料要注意采用不易刮伤，手感柔软的新型材料，绳带设计的多余部分要尽量能够收纳与隐藏，等（图5-27～图5-30）。

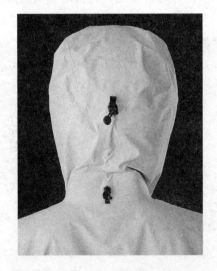

图5-27　可调节帽子长短的弹力绳设计

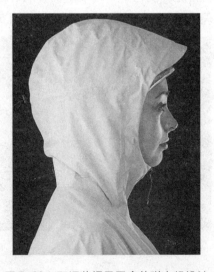

图5-28　可调节帽子围度的弹力绳设计

图 5-29　隐藏帽子多余长度的弹力绳设计

图 5-30　隐藏裤腿多余长度的弹力绳设计

第四节　户外服饰的整体风格设计

　　户外服饰的整体风格和时装或休闲装不同，户外服饰的整体风格区分的着眼点是整盘货品的功能取向和色彩取向。

　　根据功能的取向，可以分为专业户外风格、泛户外风格，专业户外风格的设计主要的关注点是产品的户外功能性，包括面料辅料的选择、细节的设计、专业性工艺的设计等，讲究的是更多的专业防护性能，其使用的材料可以说是最顶尖级的材料，加工的工艺也是尽其所能把所有能考虑到的细节都做到尽善尽美，以登山类为例其代表品牌有始祖鸟（ARC' TE RYX）、土拨鼠（MARMOT）、巴塔哥尼亚（PATAGONIA）、山浩（MOUNTAIN HARD WARE）、攀山鼠（KLATTERMUSEN）、猛犸象（MAMMUT）等；泛户外风格的设计主要的关注点是产品的休闲性，忽略了不必要的功能性细节，更注重的是款式及色彩搭配的时尚性。泛户外风格又可细分为专业时尚与专业休闲类。专业时尚类，其风格特点是在材料及细节上有足够专业的基础上，增加了更多的紧跟流行的色彩搭配、印花图案、款式造型及细节设计等时尚设计元素，代表品牌有沙乐华（SALEWA）、乐飞叶（LAFUMA）、觅乐（MILLET）、布来亚克（BLACKYAK）、可隆（KOLONSPORT）；专业休闲类户外品牌的风格特点是考究的功能性材料、细致的功能性细节，休闲时尚的款式特点及色彩，代表品牌有哥伦比亚（COLUMBIA）、艾高（AIGLE）、里昂. 比恩（L. L. BEAN）、天木兰（TIMBERLAND）、北极狐（FJALLRAVEN）等。

　　根据整盘货品的色彩取向，可以分为欧美风格、日韩风格、休闲风格等。欧美风格的色彩搭配更偏向于沉稳色调（当然并不是所有欧美户外品牌都是如此的色彩取向）；日韩风格的色彩搭配更偏向于亮色调的应用及撞色设计，更加年轻化；休闲风格的色彩搭配会借鉴更多休闲类服饰的色彩，其中又可分类成英伦风格、都市风格、田园风格等。

从目前国内户外市场来看，风格的同质化还比较严重，而国外知名户外品牌风格定位有较鲜明特色。这也是未来国内户外品牌走出自己特色之路的发展方向。不同风格的户外品牌及标志见表5-1。

表5-1 不同风格的户外品牌及标志

	品牌名称	国家	品牌标志
专业户外	始祖鸟（ARC' TERYX）	加拿大	
	土拨鼠（MARMOT）	美国	
	巴塔哥尼亚（PATAGONIA）	美国	
	山浩（MOUNTAIN HARD WEAR）	美国	
	攀山鼠（KLÄTTERMUSEN）	瑞典	
	猛犸象（MAMMUT）	瑞士	

		品牌名称	国家	品牌标志
泛户外	专业时尚	沙乐华（SALEWA）	德国	
		乐飞叶（LAFUMA）	法国	
		觅乐（MILLET）	法国	
		布来亚克（BLACKYAK）	韩国	
		可隆（KOLONSPORT）	韩国	
	专业休闲	哥伦比亚（COLUMBIA）	美国	
		艾高（AIGLE）	法国	
		里昂·比恩（L. L. BEAN）	美国	
		天木兰（Timberland）	美国	
		北极狐（FJALLRAVEN）	瑞典	

不同品牌风格的户外服装欣赏如图 5-31 ~ 图 5-34 所示。

图 5-31 天木兰（Timberland）户外服装

图 5-32 可隆（KOLONSPORT）户外服

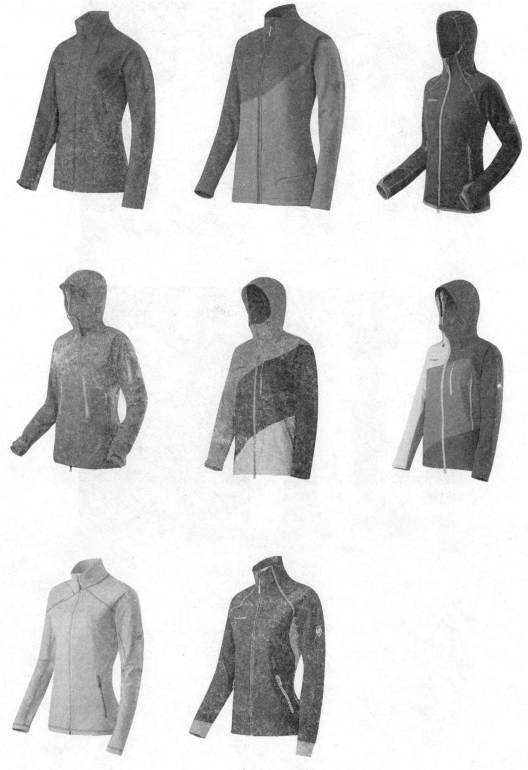

图5-33　猛犸象（Mammut）户外服

图 5-34　蒙口羽绒服

第六章

户外服饰产品开发流程

第一节　户外目标市场的设定

在每年以两位数幅度高速增长的户外市场上，用"激战正酣"来形容品牌间的竞争一点都不为过。在目前的国内专业户外市场领域，产品同质化比较严重，市场空间越来越受到限制。多样化和细分化的消费需求为行业的发展提供了巨大市场空间，与此同时，"优胜劣汰"的市场筛选法又连年上演。于是，找到一条符合市场发展趋势，又适合企业自身特点的道路重要而迫切（图6-1）。

图6-1　天津海河冬季冰钓

一、国内目标市场的分类

从现有市场状况来看，我们把户外市场进行如下的市场细分，此市场细分标准可以分别从人口学因素、商品企划因素、流通构成因素等三个大方面进行目标市场的定位，见表6-1。

表6-1　户外目标市场定位参考表

分类	细分标准	内容								
人口学因素	年龄细分	0～2岁	3～6岁	7～13岁	14～18岁	19～23岁	24～29岁	30～49岁	50～64岁	65岁以上
		婴儿	幼儿园	小学	中学	青少年	青年未生育	中年	中老年	
	职业细分	专业户外运动员	户外环境工作者	户外运动爱好者						常规户外行为
				"大侠"			"菜鸟"			
				学生	稳定职业	自由职业	学生	稳定职业	自由职业	
	月收入	1千元以下	1千～2千元	2千～4千元	5千～7千元	8千～1万	1万～1万五	2万以上		
	学历细分	高中毕业		大学毕业		研究生毕业		其他		
商品企划因素	场合细分	比赛竞技类			休闲旅游类					
	运动项目细分	登山			攀岩			滑雪	骑行	越野跑	钓鱼	其他
		登山（5km以上）	登山（1km～5km）	登山（1km以下）	户外	室内	抱石	冰攀	单板	双板	自行车	摩托车	定向跑	马拉松	慢跑	湖溪钓	海钓	冰钓	夜钓	略
	风格形式细分	自然	古典	摩登	简单大方	军旅	欧美	日韩	其他略	
	功能	新型功能的尝试者		新型功能的追随者		对新型功能不关心者				
	时尚接受度	时尚领导者	时尚追随者	流行初期使用者	流行后期使用者	对流行不关心者				
	服装品类细分	服装类								配饰类
		冲锋衣裤	抓绒服装	羽绒服	羊毛类保暖层	吸湿排汗内衣类	速干衣裤	皮肤衣	软壳衣裤	裙装类	背心类	袜帽手套类	背包类
	价位细分	高价		中价		低价				
	品牌特征细分	国际品牌	工厂品牌	品牌商品牌	设计师品牌	私人定制品牌				
流通构成因素	销售机构细分	百货店	专卖店	自营代理店	超市卖场	批发市场	团购	电子商务		
	地区细分	一线城市	二线城市	三线城市	地级市	乡镇	农村			
	地理细分	东北	华北	西北	东部	东南	西南	南部		

二、调研与目标市场的设定

根据消费者与市场的调研，从以上参考标准中可以选择适合自己发展的目标市场进行有针对性的开发。

目前国内户外市场大致状况是，随着一二线城市商业地产租赁价格的快速上涨，电商挤压，以及体育用品生产商纷纷涉足零售领域，较普通体育用品市场更窄的户外用品专业店再次遭遇冲击；阿迪达斯、李宁等体育品牌开始进军户外运动领域；电商异军突起，2013年淘宝"双十一"，仅骆驼（CAMEL）整体以3.8亿的单品牌销售额全网排名第3（小米第1，海尔第2）；全球的户外运动都呈金字塔结构，真正的专业玩家少之又少，中级"驴友"的数量也不算太多，绝大多数都是"初级菜鸟"。

根据大的行业状况和自身的优势确定自己的目标市场，下面是国内某户外品牌的目标市场设定的思路范本：

地区：京津沪等一线城市做形象推广，主要消费市场定在经济较发达的二线、三线城市。

性别：男性比例稍多，约占到60%左右的比例，女性中未婚的比例较多些。

经济收入：月自由支配收入基本在3 000元以上。

职业：公务员、教师、医生、自由职业及老板等，有足够的闲暇时间可以自由支配。

教育程度：大专以上，能够接受现代信息社会的新事物和新观念。

爱好：喜欢运动，喜欢休闲，很活泼。衣着随便，舒适，喜欢一些容易搭配的颜色和面料；穿着习惯更加时尚化、简洁化。喜欢郊游、野营、钓鱼、骑车或跑步到户外呼吸新鲜空气。他们既具有中国人的传统性格，又受到海外消费观念及生活方式的冲击。他们善于独立思考，对生活有自己独立的、强烈的主张，既不盲目追求高档品牌，又不拘泥于平凡庸俗，善于接受新鲜事物。

第二节　户外产品流行趋势分析

一、户外服饰与休闲服饰流行趋势的关联

在休闲服饰中，我们分析流行趋势往往从廓形、色彩、面料、细节等四个方面来分析，而户外服装亦是如此。如廓形方面，在2008年之前冲锋衣多为直身款式，2008年之后女装收腰款逐渐流行，而直身款在2011年左右逐渐退出市场。在分析其流行的四个因素构成方面，从功能性角度来分析占首位，如面料方面，由超细纤维制作的皮肤衣在2009年进入市场，至2013年成为夏季的主流产品，并广泛应用于休闲男女装中。

二、2008 年以来户外服饰的变化趋势

户外服饰的变化趋势主要从 2008 年以后，北京举办了奥运会，同时又恰逢经济危机，一些原来做户外代工的服装企业开始自己开发户外产品并快速向市场推广，户外服装的大范围普及就从这时开始，回顾 2008 年以来的户外服饰的变化趋势有以下几个特点：

① 大众化户外市场风起云涌，户外运动已经不再是一种专业性的运动，户外运动已经成为了大众时尚生活的一种方式。而户外用品的消费也逐渐成为了家庭消费的重要组成部分，越来越多户外运动品牌开始注重产品由专业化向大众化的转变，这是当前户外运动市场的一个发展趋势。

② 功能性始终是户外服装的杀手锏，不断地延续发展防水透气、吸湿速干、保暖透气等传统功能，面料设计上越来越"低碳化"，并以环保型材料是未来面料设计的重点。"环保"将不再成为一个需要特别提及的卖点，可回收材料、再生材料、有机棉、天然材料的使用将成为户外装备最基本的指标。低碳健身作为一个新鲜的组合概念受到越来越多人的关注。高科技环保面料也将成为主流产品。这样，户外用品就可再生循环利用，真正实现环保低碳。让"低碳生活"成为一种时尚。这些高性能、高机能性、立感应性原材料应用于服装面料上，使衣服不再是消极的保护作用，而是进一步促进健康。因此智慧与功能纺织品已成为改善人类生活与现实梦想的重要角色。

③ 极致轻量是未来的终极发展方向，各大户外品牌在功能性研发上不遗余力，在面料、科技、重量、舒适等方面都取得不错成绩，在功能设计上越来越"人性化"。

④ 色彩设计上越来越"多样化"，设计越来越时尚化。跳跃性色彩越来越流行，鲜亮的色彩、巧妙的混搭成为代表性的潮流，户外运动开始向更年轻、更时尚发展。

⑤ 科技呈现出更质朴的特质，舒适的、原生态的、贴近人日常生活的元素逐渐取代了早前更未来主义的感觉。设计的基本思路从来离不开对消费者穿着感受的考量——将面料的舒适感与时尚性完美结合。

⑥ 户外运动市场更加细分，以不同的户外运动项目场景为主线，展开品牌主打产品延伸。

第三节　品牌定位的设定

纵观我国户外服装产品，品牌庞杂。外国知名品牌早已经对国内市场虎视眈眈，国内各个品牌也正在不遗余力地攻城略地。在缺乏相应的国家标准、行业标准以及地方标准的前提下，户外服装行业在高速发展的背后也是问题重重。诸如价格混乱、品牌定位模糊、销售渠道不畅等现象正在不断危害着新兴的户外服装行业。了解国内外品牌定位

的差异与不同，有利于我们找出更适合自己的品牌定位。

一、国外户外品牌定位的分类

国外的户外服装起源较早，不论是在经营管理方面还是品牌内涵上都是我国企业学习的榜样。目前国外知名品牌服装一直占据着我国的高端市场，其产品长期受到消费者的追捧。

国外户外服装生产商往往仅专注户外用品中的一个或几个产品，全力以赴去做好自己专注的产品，而不是做大而全式的全面开花。实际上，随着越来越多户外运动项目不断涌现。户外服装的划分也将会越来越精细。比如说，在"驴友"群体里就存在两类人群，一类是玩得比较久、比较深入的极限"驴友"，另一类是仅仅参加一些长途旅行和户外休闲的入门级"驴友"，这两类人群虽然都是"驴友"，在消费户外服装产品的时候其选择无疑是不同的。也就是说，在未来随着消费群体选择的多元化，准确的市场定位对于户外服装企业来说十分重要。

来自美国的著名户外品牌"土拨鼠"就把自己的市场定位放在了高山雪地运动的消费人群上。这家企业就是以专门生产雪地羽绒服、羽绒睡袋以及高山冲顶帐篷在户外用品行业中脱颖而出的。实践证明，他们的产品因为质量可靠，目前深受资深户外运动人士的推崇。而对于普通的入门级户外运动群体来说，购买他们的产品显然就没有必要或者说是没有用武之地。因为按照户外高山运动的特点来分析，普通户外运动人士几乎都很难到达雪线以上，所以类似雪地户外服装、冲顶帐篷这些产品就基本上没有机会使用。不过值得注意的是，由于进行高山雪地户外运动的专业人士毕竟数量有限，也就导致了其消费规模不会很大。所以，"土拨鼠"户外服装的售价在国内来看相对还是比较高的。

户外品牌定位可以参看第四章第四节，从风格上来看也可分为专业户外和泛户外，专业户外又可按照运动项目分为登山类、攀岩类、滑雪类、钓鱼类、骑行类等，具体见第一章第二节户外服饰的分类。

二、国内户外品牌定位的分类

国内的外服装品牌企业，大多存在品牌、市场定位模糊的弊病。毋庸置疑的是，户外服装企业的品牌定位精准并且能长期保持对同一产品的关注度，那么这家企业的竞争力必然就会凸显出来。在目前我国户外服装市场中各个企业正是金戈铁马、气吞万里如虎的形势下，保持较强的竞争力才能立于不败之地。

目前，我国参与到户外活动中的人越来越多。从每年长假期间各地出现的自驾游大军中，就可见一斑。而且大家玩户外的方式方法也呈现出"百花齐放、百家争鸣"的态势，除了传统的徒步旅行、摄影、钓鱼等之外，类似漂流、动力伞、洞穴探险等新兴户外活动也开始逐步流行起来。毋庸置疑的是，不论上述哪一种户外活动，其需要的户外装备、服装都是不同的。这无疑给我们的户外服装企业营造了一个巨大的销售市场，从某种意义上说这个市场的潜力无穷。

现在国内户外产品已慢慢开始走向细分市场，如凯乐石以登山攀岩产品为主，探路者以休闲户外市场为主，同时也做登山和极地探险活动，骆驼以休闲户外的自然风为主，牧高笛、极地等以登山产品为主；捷酷、速盟、乐透、捷安特、美利达专做自行车服，路伊梵主要以瑜伽健身为主，伊凯文、风行·老鬼、钓鱼王、渔拓等以钓鱼服为主。

表6-2以登山类服装为例对国内主要品牌进行市场定位分析比较。

表6-2　国内主要品牌市场定位分析比较

品牌	市场定位与品牌特色	产品图例
凯乐石 （KAILAS）	品牌形象定位为中高端的专业户外功能休闲，产品系列较全；高性价比的产品，从价格、质量、设计到服务；丰富明亮的色彩成为其最主要的亮点	
极地 （NORTHLAND）	品牌形象定位于中高端的专业户外，现在也开始部分增加休闲系列；高科技应和时尚设计给消费者带来的切实体验感受，倡导人与自然、人与产品的有机结合	
牧高笛 （Mobi Garden）	提供人们在户外聚会、度假所需的全套装备及服饰，倡导自然、自由、快乐的户外休闲生活方式。消费群定位为热衷时尚、休闲、户外，注重生活品质，年龄在25～45岁之间的度假群体	

续表

品牌	市场定位与品牌特色	产品图例
探路者	提倡科技户外、舒适户外；目标人群为 30 岁以上；色彩沉稳且鲜明；高科技的应用和时尚的设计给消费者带来切实的体验感受，倡导人与自然、人与产品的有机结合	

第四节　户外服饰品类构成

一、品类的构成

在服装领域，品类是进行服装细分时的最小区分单元。不同企业对品类的认定不尽相同。有的企业可能将冲锋衣作为一个品类；而有的企业可能仅冲锋衣就有五六个品类。将品类理解为单位品目则更确切，在服装行业中，单品有其特定的含义。单品与单件是同义词，如裤子、裙子、衬衫等。单品服装具有易于自由组合搭配而很快适应新场合的特点。一些服装品牌意识到了这一点，并以此作为商品构成企划的重点。

常规专业登山类户外服饰品的品类包括：上衣外套类——冲锋衣（硬壳、软壳）、羽绒服，裤装类——长冲锋裤（硬壳、软壳）、短裤、连身裤，中间保暖层——羽绒服、抓绒衫，衬衫类——衬衫、T 恤，基础层类——吸湿排汗内衣裤，配饰类——手套、帽子、围巾。

常规泛户外登山类户外服饰品的品类包括：冲锋衣、冲锋裤、速干衣、软壳衣、羽绒服、抓绒衫、衬衫、T 恤、防晒衣等。

常规滑雪类户外服饰品的品类包括：防水滑雪夹克、防水滑雪裤、防水滑雪手套等。

常规骑行类户外服饰品的品类包括：骑行上衣、骑行裤、骑行外套等。

常规户外攀岩类服饰品的品类包括：攀岩上衣、攀岩裤、攀岩连身裤、手套等。

常规钓鱼类户外服饰品的品类包括：秋冬季防水保暖外套、防水裤、钓鱼背心、防晒衣、衬衫、T 恤等。

在进行产品开发中要对品类和单品进行组合，这种组合包括了宽度和深度。配套组合的宽度，指某个品牌具有的各式商品品类数，不论每一个品类的数量多少，如果某个品牌有各种各样的单品可供选择，就可以称为"宽广的"商品配套组合。配套组合的深度，指品牌商品组合内各单品的数量。如果组合内各单品尺码规格齐全，就可称为"有深度"的商品配套组合。

二、各个品类之间的比例搭配

服装商品构成的核心是根据不同季节决定商品款型的构成比例。商品构成分三个阶段。

（一）决定商品构成的比例

决定于企划商品整体中的主题商品、畅销商品、长销商品所占的比例。根据商品企划的季节主题考虑商品款型构成。按照与季节主题吻合的程度，商品分为主题商品、畅销商品和长销商品三类。其中，主题商品表现季节的理念主题，突出体现科技与时尚流行趋势，常作为展示的对象；畅销商品多为上一季卖得好的商品，并融入一定的科技与流行时尚特征，作为大力促销的对象；长销商品是在各季都能稳定销售的商品，受流行趋势的影响小，通常为经典款式和品类。三类商品的构成比例应根据品牌和目标消费者群的特性设定。

主题商品能鲜明表现出品牌的季节主题。同时由于设计、材料、色彩的组合搭配新颖，因而具有很强的生活方式提示性和倡导性。由于该类商品主要针对那些对时尚敏感很高的消费者，对市场实际需要程度难以准确预测和把握。

畅销商品往往是筛选出上一季主题商品中市场反应好的品类，并加以批量生产。由于畅销商品针对的穿着场合清晰明了、易于理解，有相对较大的市场需求。

长销商品常常作为单品推出，具有品类丰富和易与消费者原有服装组合搭配的优点。

以上三类商品在零售方面的期望度、风险度以及展示促销方面各有其特征。

商品构成比例按照季节来决定。一般大众化商品为主体构成的品牌中，高感度、个性化的主题商品、畅销商品所占的比例更大。特别是定期举行时装发布会的设计师品牌，由于诉求创新性的设计，主题商品所占的比例非常高。但为了减小库存风险，也不能只策划主题商品，还需要维持主题商品、畅销商品及长销商品在卖场构成比例的平衡。

（二）确定服装品类构成比例

由于主题商品和畅销商品要求在材料、色彩、设计上有创意，因此，常将上下装作为整体进行商品企划。对于长销商品，以单品为主进行企划，上下装、内外衣之间的组合搭配性并不太严格。长销商品的企划更重视穿着舒适性、功能性及品质方面。

按照冲锋衣裤、针织服装等各品类以单品形式生产、销售的服装企业，确定服装品类构成比例的决策比较容易。以配套组合企划为基础的服装品牌，可能涉及冲锋衣裤、针织品、夹克、衬衫、配饰等所有品类。尤其是各品类的销售比例每月都会有所不同，还应按月度来确定适当的品类构成比例。

（三）决定各品类的构成比例及各品类的商品款型

具体企划设计不同品类的商品款型时，不仅应参考时尚潮流，还应该考虑与目标对象顾客群的生活习惯、穿着环境以及购衣计划的吻合性；不能单凭想像或灵感来实施，而应充分预测商品款型可能的销售状况；在搭配组合设计的过程中，还应重视不同服装品类在色彩、材料、细部设计上的关联性。

① 针对设定的理念主题，作为其形象具体化的商品，在不同季节，甚至不同月份都必需企划设定不同理念主题的商品款型，并考虑整体的构成均衡。

② 在商品构成企划时，既考虑各季节不同主题商品的构成比例，还应考虑不同品类的商品构成。制定主要品类的策略、维持商品款型平衡、拓展商品款型范围等。

③ 在商品构成企划时，充分利用不同季节、不同月份、不同服装品类的商品构成资料，从上一季节到当前季节卖场调查的数据及信息。调查每月配货构成，收集各商品款型的详细数据。在调查中，应把握卖场各形象主题的配货构成情况，了解各月的理念主题和各主题商品款型的资料。为掌握各服装品类的配货状况，可从不同品类的商品款型构成的数据中总结出不同品类的配货规律。这既包括各服装品类的商品款型构成比例，还包括这种构成比例的逐月动态变化状况。

④ 基于目标顾客的实际穿着需求，注意上装与下装之间的搭配关系，具体选定服装商品的色彩、材料、款式等。

⑤ 基于对各季节连续性的考虑，应使品牌商品在整个季节中具有统一感。

⑥ 品类企划时不仅要完成服装商品的效果图，还要确定构成商品款型的各个细节，如造型、材料、色彩、价格、尺寸等，以决定品牌的商品构成。

第五节　产品营销策略

一、户外服饰目标市场与营销策略的关联

户外服饰目标市场主要分为专业户外和泛户外两大类，其营销策略已有所不同。专业户外要在专业人士间形成知名度和影响力，所以在营销活动中积极参与专业赛事、专业活动，乃至组织专业活动是最重要的举措。当然专业活动的组织也会让消费者产生品牌专业实力非常强的印象。在泛户外领域其营销策略更多地介于专业户外与普通服装之间，但因为产品的功能性比较强其营销策略更应强调其与普通服装的差异。

二、国内主要户外营销渠道及其现状

（一）国内户外运动服装的销售渠道主要构成

国内户外运动服装的销售渠道主要构成见表6-3。

表6-3　国内户外运动服装的销售渠道主要构成

	渠道	优点	不足	代表企业
户外店渠道	大型户外连锁店	1. 有初步明确的发展方向和定位，将零售渠道发展成为区域乃至全国的大型户外（连锁）品牌的事业中心 2. 经营管理者的能力相对较强，有相对完善的管理 3. 敢于创新和冒险 4. 资金来源和状况较好 5. 有品牌意识，注重管理、形象、服务和宣传 6. 信用意识强，善于利用信用支持	1. 定位时有反复；在本区域内网络构建工作尚未完成 2. 跨区域的扩张发展，一受资金困扰，二受产品供应渠道困扰 3. 经营成本高，经营风险大 4. 不太了解供应商的需求和想法，与品牌商的战略合作意识差异较大，与供应商关系脆弱	迪卡侬、嘉禾、三夫、火狐狸、5445
	中小型自由户外店	1. 对户外生活热爱 2. 并不是以赚钱为主要经营目的 3. 对产品太了解，知道的精品太多，什么都做	1. 经营者的素质参差不齐 2. 但不能全身心投入经营 3. 经营上固执己见，经营管理上沟通协调困难 4. 资金短缺，经营品牌太多，加之常以自己眼光取代消费者需要，虽然经营成本低，店铺容易存活，经营两三年后除了存货，没见赚钱 5. 缺乏发展的危机感	见各地区小型户外店
	户外品牌专卖店	1. 有40%的消费者喜欢到专卖店购买自己喜欢的品牌 2. 名牌户外服装专卖店满足部分消费者需要。连锁店服装经营的品类有其特殊性。特许加盟经营近来逐渐升温，是集理念、文化、管理、培训、服务"一条龙"的新型营销方式 3. 这种形式在保证服装品牌形象及回款方面有较大优势	1. 直营资金链长，管理难度大 2. 加盟对消费者需求把握不够全面与及时	探路者户外专卖店、凯乐石户外专卖店、极星户外专卖店
	外贸产品户外店	小本生意，靠销售各地市场淘来的"品牌畅销货"赚钱	只要能赚钱，什么都不在乎	见各地区小型户外外贸店
	户外用特价折扣店	国外十分成熟和普遍，很规范	由于市场不成熟，开店时机不好，加上开店动机不端正，又没有得到供应商的支持，大多用杂货和窜货充数销售	见各地区小型户外折扣店

续表

	渠道	优点	不足	代表企业
电商渠道	互联网购物店	异军突起，主导未来的发展趋势	普遍存在信用危机和市场不成熟的情况，较难做大，此外因网购大多低价销售，受到店铺零售商的广泛抵制	探路者、骆驼、凯乐石、极地等
商场渠道	扣点型商场代销专柜	1. 由经营商全部承担经营风险 2. 管理要求较严：从人员，各种证照到装修形象全面要求 3. 高档商场对价格承受力强 4. 必须是一般纳税人，需要开增值税发票 5. 如果商场选择正确，销售额大	1. 资金需求和周转压力大 2. 各种促销活动多，不可预见费用多，但大多要由经营商承担	见各地区大型商场
商场渠道	自营型商场户外店	1. 介于传统商场经营和自营街铺经营之间的一种方式 2. 行租柜结算，经营商自行管理	1. 街铺走向商场经营的过渡阶段 2. 新开商场或销售情况不好的商场采用	见各地区某些商场
批发市场渠道	批发市场	1. 由大型批发市场所支持的各种个体户外运动服装批零店，目前占据中国户外运动服装销售的较小份额 2. 支持了中国广阔的农村市场及部分城市的低档市场 3. 中间环节少，价位低，对市场反应快	产品质量欠佳	见各地区服装批发市场户外店

（二）国内户外营销渠道的现状

① 户外店发展放缓。在国内户外行业蓬勃发展，但是也有不足的地方，专业渠道是户外运动行业发起者，但是近两年专业渠道增长缓慢，资金和管理的弱势已经显现。除了少数几个企业形成了初步连锁发展的业态，大部分专业渠道现在发展明显处于一个瓶颈阶段。

② 商场渠道上升。商场渠道上升的原因，第一是商场渠道固有优势，人流量很大，位置好，所有商场渠道的经销商资金力量比较雄厚，运营比较规范；第二是 2008 年以来体育用品销售有所下降，所以很多商场拿出更多面积给户外渠道；第三是客户特点，早年户外消费者，大部分人群是购买户外用品以后是要到户外运动，但是近几年开始有越来越多人因为天气寒冷，或者因为时尚而采购户外用品。而这个方式刚好迎合商场消费特点，这些因素综合一起带来商场销售的状况越来越好。

③ 电商渠道整体爆发式增长，操作需专业化。电子商务目前的渠道主要有自营独立渠道、第三方自营渠道、百货类自营渠道（天猫、卓越、京东、当当等）、垂直平台、特卖平台等，每个平台的规则有各自特点和差异，带来的价值及运营特点也不相同，所以

最近几年专业的电商运营公司开始出现。

三、户外服饰产品的价格策略

服装品牌能在多大程度上占有市场，合适的价格设定是关键因素之一。价格对企业而言，是确保销售额增长和实现利润的关键。

（一）价格设定的原点

消费者对价格通常都比较敏感，应优先对目标消费者的价格观念进行调查分析。商品越便宜并不意味着对消费者越有吸引力，现今的消费者愿意购买能够满足自身需求或者令自己怦然心动的商品。消费者在挑选商品时一般都会估算"合算程度"，合算程度＝（商品的效用＋令人兴奋与心动的程度）/产品的价格。消费者对产品"合算程度"的心理评估是企划人员制定产品价格计划的重要依据。

（二）服装价格的种类及构成

1. 服装价格种类

服装价格按服装产品所处的流通阶段分为三类：

出厂价：是服装生产企业完成服装生产加工后，提供给批发企业或代理商的服装价格。由生产成本和生产企业的利润两部分组成。

批发价：是批发商等提供给零售商的服装价格，在出厂价的基础上加上了批发商的利润。

零售价：是零售商将服装出售给消费者时的价格，在批发价的基础上增加了零售商的利润。

2. 价格带与价格线

价格带：用价格的上下限表示价格的波动幅度。

价格线：价格带中价格的种类及分布。

价格带中的价格构成种类太多，消费者会对价格差进行比较后再购买，但易使人困惑。经验上，一般每个品类价格在5~6种内为好，数量最多的商品价格被称为中心价格。

（三）服装价格的构成要素

原则上，各种服装价格包含成本与利润两部分。成本包括材料费、劳务费、制造费等。利润包括生产商利润、批发商利润和零售商利润。

1. 材料费

直接材料费：面料费、里料费、衬料费、缝线费、附属品费。

间接材料费：缝纫机油费、缝纫机针费、缝纫机零件费（易耗物品备用费）等。

2. 劳务费

直接劳务费：计件工资、计时工资。

间接劳务费：间接工资、保险金、福利费、其他费用。

3．制造经费

直接经费：工艺卡制作费、样品试制费、专利费、外加工费、设备租赁费等。

间接经费：福利卫生费、折旧费、租金、水电费、保险费、税金、易耗工具费、修缮费、搬运费、杂费、保管费、仓储损耗费等。

4．利润与利润率

利润与利润率相关，利润率是利润占价格的比例。利润率的高低与企业的价格策略、销售方式、品牌附加值有关，大众化服装商品的利润率一般都在25%～30%之间。

（四）消费者价格观

从服装企业的角度，服装商品的价格由生产成本、企划成本（设计、商品企划费）、流通成本（流通费、物流费）、销售成本、管理成本等组成。从消费者的角度，被当作价值来认可的服装价格，由包含品质和功能性的实体价值——"硬"价值和另一种代表款式设计、搭配组合、创意和流行性的意识价值——"软"价值，以及对消费者自身特定需求的满足度组成。

（五）服装定价的方法

服装定价的方法多种多样，商品企划人员应综合各种情况合理选择，以制定适当的价格策略。服装商品采用的基本定价方法主要有两种。

1．成本加成定价法

成本加成定价法是一种以生产成本为导向的定价方法。在生产成本费中加入一般管理费、销售成本、期望目标利润后而得出。因在定价过程中采用加法运算，又称加法定价法。成本加成定价法简单易行过去被很多服装企业采用。但随着市场经济体制在我国逐步形成，这种方法渐渐被淘汰。成本加成定价法是典型的生产导向观念的产物，供给方主观确定目标成本利润率，缺乏合理性。

2．目标推算法

目标推算定价法是一种以市场为导向的定价方法。由于在定价过程中采用减法运算，又称减法定价法。预先设定出目标消费者可能接受的价格，在减去一般管理费与销售成本以及期望目标利润，差额为生产成本价目标推算定价法，往往基于竞争对手企划产品的价格保持均衡以及行业内的一些惯例来考虑。采用这种定价方法，一方面有利于协调生产商和销售商的利益关系；另一方面可以通过倒推得出成本价，并可在成本加大前提范围内调整产品的性质与功能、合理采购物料、组织生产。

四、户外服饰产品的推广策略

户外服饰的推广也有专业户外和泛户外的差别，泛户外的与普通服装接近，专业户外要在专业人士间形成知名度，经常是户外俱乐部形式，何种形式是专业户外品牌宣传推广、促进销售、互动营销的主要载体。随着出游人群对活动质量和安全保障要求的提高，户外俱乐部的运营市场也将随之不断壮大。网络宣传和户外俱乐部推广都具有低成本的特征，运用得好则可以产生良好的宣传效果，应该被中小户外企业作为主要的宣传推广方式而得到重视。

1. 网络渠道是现代推广渠道的重点

一是官网的建设，官网宣传的不是简单的产品，而是品牌所倡导的生活方式；二是网络软文的方式，通过博客、微博、论坛、QQ群等渠道来潜移默化地把品牌信息传达给消费者；三是在品牌具备了一定影响力后，使用互动的手段来让消费者更多地参与到品牌文化的推广中，如户外摄影比赛、我的户外故事等。

2. 销售终端的推广策略

终端推广主要通过产品的陈列来传递品牌文化信息，服装的陈列展示包括商店设计、装修、橱窗、陈列、模特、背板、道具、光线、POP广告、产品宣传册、商标及吊牌等零售终端的所有视觉要素，是一个完整而系统的集合概念；店铺陈列必须重视细节。比如服装的搭配、服装与配饰的搭配、服装与道具的搭配等。

第六节 户外品牌企划案案例

本节将某户外品牌企划案全文作为重点介绍内容。

第一部分 公司及品牌简介

****有限公司位于*********，主营户外及休闲服装生产及批发。公司成立于1991年，初始以生产境外户外服装品牌为主。第二年，开始研发有自主知识产权及品牌的功能性面料及功能性休闲服装，其研发生产的产品90%销往欧洲，质量与款式设计都得到用户的好评。

经过多年的磨砺与发展，****自主研发的功能性休闲装品牌"****"及其所应用的功能面料品牌"****"2010年秋冬盛装进入中国国内市场，并与广大消费者分享运动与休闲的快乐。

"****"全系列的功能性面料所具备的功能性及独特人性化将打破国外个别功能面料供应商的垄断局面，并给每一位消费者带来深刻的体验！

时尚、休闲、功能是未来休闲服装发展的主题，在强调功能的同时，大胆采用更多国际流行色；用当前最为先进的热合压胶技术、无缝结合技术，融入时尚的设计元素，开拓出新的功能性假日休闲服装的设计思路，打造更富有时代感的个性产品！

本公司的功能面料及服装将带给用户一个功能与时尚的全新体验，无论是徒步穿越还是漫步在古镇的街头都能感受到****品牌的无穷魅力。

第二部分　国内户外服装行业的市场现状

一、"休闲"消费已经占据了相当大的比重

休闲消费是人们摆脱了自然必然性和外在压力后的一种自由生活，是人们在满足基本的物质需要后以精神需要为主的活动。当今社会，倡导合理的休闲消费观念具有重要意义。以英美为例，20世纪90年代英国户外休闲开支占家庭开支的20%，休闲产值超过汽车业和食品业，创造的工作岗位占全国的五分之一；在美国休闲娱乐业已成为主导产业，1990年休闲消费达10 000亿美元，创造出美国四分之一的就业机会，并被预测在今后的经济结构中，从业人员将占整个社会劳动力的80%，2015年产值将占美国GDP的二分之一。据此在中国有人预测5～10年后中国休闲消费支出将占总支出的30%，产业就业人数可达1.196亿人。

二、汽车时代来临，引领户外休闲方式

机动车保有量与驾驶员人数持续增加，我国已经成为全球最大的汽车市场。一家人选择周末或短假期，驾车去海边或是野餐，持续受到城市居民的青睐，两三天的休闲自驾游成为家庭出游的主要方式之一。

三、消费者已形成对户外用品的基本认识

自从1995年第一家户外店在北京开张以后，这种经营模式一直延续至今。经过了近二十年的市场培育，消费者已经对户外产品有了一定程度的认知。进店顾客多是对户外产品有一定了解的人，虽然他可能不参加真正的户外活动。顾客群中只有不到20%的人是真正的户外爱好者。

四、关于户外品牌前景的讨论

运动品牌因其过于大众化、时装化，已渐渐失去专业特质，那些早些年穿××品牌成长起来的青年也都步入中年，其收入、品位比青年时代都有了显著变化，而这个品牌瞄准的依旧是年轻人、中学生，在那个时代瞄准中学生是对的，因为中学生的父母们消费能力很低，可在这个时代仍旧瞄准中学生，就会被日渐庞大的中产阶级、准中产阶级群体所抛弃。准中产阶级们在寻找属于他们自己的品牌。

五、我们的机会和优势

① 越来越庞大的中产阶层对旅游及休闲的热衷度在大幅度的提高，现在户外服装千

篇一律的设计、太高的价格和太多的功能性设计越来越不能吸引他们的眼球。

②　现有大部分国内户外服装品牌的定位脱离了实际市场的需要，营销渠道体系也不能适应市场的发展。

③　有强大的现代化工厂及品牌运营管理作为后盾，完全实现了现代服装业快速、多品种、少批量的高速市场反应需求。

④　准确的风格定位（介于户外运动和休闲运动之间的功能性假日休闲运动风格的定位）成为我们＊＊＊＊品牌成功的前提。

第三部分　＊＊＊＊的品牌定位

一、市场定位

满足心理年龄在 25～30 岁左右并有较高稳定收入的人群，对较高层次的假日休闲、运动追求的需要！

1.　什么是户外

户外是人们在生活中，寻求室外运动，然后根据不同的需求产生的对特殊功能性产品的需求。我国户外更多的是那些旅游的人群，一部分是喜欢郊游的人群，这些消费群体，则是非常庞大的。

2.　目标人群

目标人群主要是喜欢外出旅游或者活动的人，并需求一定的产品功能性和便携性的人。由此归结产品需求应该是：有一定的功能性，且能够方便消费者户外生活的时尚休闲产品。

3.　目标人群分析

①　地区：主要地区集中在西北、华北、东北及华东等区域，不同的区域具有不同的消费习惯。

②　年龄：主要集中在 25～33 岁间，这部分人群大部分尚未成家或尚未生育，有较多可个人支配的闲暇时间。

③　性别：男性比例稍多，约占到 60% 左右，女性中未婚的比例较多些。

④　经济收入：月自由支配收入基本在 3 000 元以上，具备较强的消费能力。

⑤　职业：公务员、教师、白领、自由职业等，有足够的闲暇时间可以自由支配。

⑥　教育程度：大专以上，能够接受现代信息社会的新事物和新观念。

⑦　心理分析：在 25～33 岁人群中，高收入的技术人员、专业人员及文职人员对旅游及时尚的关注度最高，他们追求品牌及个性化的产品，乐于接受新信息新事物。

⑧　目标户外活动方式：一是郊游，二是中、短途旅游。据此来确定产品形式及各产品的比例。

⑨　购物习惯：此类人群中大部分消费者热衷于品牌，喜欢在比较好的购物环境中挑

选适合自己的产品，其中对于功能性要求不高的产品，更喜欢在如大型商场、专卖店等场所中来购买，对于专业性较强的产品，也乐于在专业性较强的户外店中购买。

二、产品定位

1. 产品风格确定依据

高度现代化的城市给人带来的是紧张的生活节奏、紧张的心理情绪、紧张的自然资源，更多的人们希望能够有更多的时间放松自己、放慢脚步、融入自然、个性生活！

以此归结我们的产品应该是有一定的功能性，能够方便消费者户外运动的时尚休闲产品。所以如果对卖点的重点做排序的话，那就是以下次序：时尚休闲—舒适便携性—功能性，产品形式的确定也应以此为依据，产品系列的结构也呈金字塔形结构。

2. 产品风格定位

根据目标市场的定位和目标人群的分析，产品风格定位如下：

① 关键词汇：轻松、舒适，时尚个性搭配，便携、功能，环保！

② 轻松舒适：高科技的面料带给消费者轻便与更高的舒适度，让消费者从内心缓解工作和生活的心理压力。

③ 时尚个性搭配：亮色系及流行色的充分运用充分显示人的年轻、活力与时尚；强调上下里外的整体搭配，更强调与自然的融合、与家人朋友的和谐。

④ 便携功能：多种功能性的面料不仅保护了人体，而且巧妙的结构设计更加增强了衣服的便携性，充分为消费者的户外生活而考虑。

3. 产品风格的具体描述

① 产品组合：整体呈金字塔结构，大众化的休闲产品占据金字塔塔底，专业性较强的产品占据金字塔的塔尖见表6-4。

表6-4 产品组合图例

专业级别冲锋衣及两件套		高保暖的抓绒外套
休闲级别冲锋衣两件套	保暖外套	防紫外线及速干类休闲服

防泼水/紫外线休闲夹克及风衣	针织休闲系列	防水纯棉休闲外套裤子	纯棉 T 恤衬衫

② 产品廓型：充分利用面料及板型设计来强调服装的合体及宜运动性（图 6-2、图 6-3）。

图 6-2　利用板型强调产品轮廓　　　　图 6-3　利用面料强调产品轮廓

③ 面料特点与功能：

面料重点特征：轻便、舒适、时尚、功能。

轻便：超细、超薄面料，如 15 D/400 T 超细尼龙等。

舒适：保暖蓬松面料，如 75/144 F 超细摇粒绒、羊羔绒、短毛绒等；弹性面料，如氨纶摇粒绒、锦氨混纺四面弹、棉氨混纺等；环保休闲面料，如 40 支纱纯棉卡其加石蜡防水涂层等。

时尚：紧跟服饰流行趋势，充分借鉴休闲类、运动类服饰的流行面料风格、图案、细节等。

面料功能：主要分为化学功能、物理功能。

化学功能：防泼水、防水、透湿、速干、防紫外线、抗菌等。

物理功能：弹性、保暖、复合、多种面料的互相组合搭配等。

④ 色彩体系：根据产品金字塔结构中不同位置的产品及其所适用的适用环境来确定各个类别及整盘货品的色彩体系，同时确定品牌主打色。整盘色系以较柔和的亮色系为主，突出品牌的轻松、活力、时尚的风格。专业性强的产品所占比例 13% 左右，色彩体系跟随休闲功能性的产品色彩体系；休闲功能性产品所占比例 37% 左右，色彩以亮色为主，强调

色彩的青春、活力、时尚感、可搭配性；休闲类产品所占比例50%左右，色彩相对柔和些，强调色彩的轻松感、休闲感和时尚感。

⑤ 细节特点：突出产品细节的时尚感，如一件衣服上针梭织面料的混合使用、弹性与非弹性面料的组合使用、印花与素色面料的组合、局部加入不同风格组合的印绣花。

细节功能：多种透气方式设计、可收纳设计、多口袋设计、功能口袋设计、一衣多穿设计、多用途设计等。

⑥ 搭配效果：重点突出上下装、内外梭织与针织装色彩的协调，同时运用同一细节不同部位的出现来体现整体的搭配效果，如同一色彩的辅料配件在上下装不同部位的出现、同一印花图案在内外装上同时表现；不能忽视服饰品在搭配中起到的很大作用，如帽子、围巾、手套等。

⑦ 可借鉴类似品牌及产品风格：

韩国 LAFUMA：用色彩表现户外的时尚，非常讲究整体色彩的搭配协调（图6-4）。

图6-4　韩国 LAFUMA 色系

Peak Performance：产品根据运动方式分为几大系列，色彩相对更柔和，针对较轻松的运动产品更加的休闲化（图6-5）。

图6-5　Peak Performance 色系

Schoeffel：德国一户外品牌，产品系列呈金字塔形，专业性的产品占得比例很小，大部分的产品针对的是休闲户外，丰富的色彩、简洁休闲的款型（图6-6）。

图6-6　Schoeffel产品色系

第四部分　****的品牌文化

一、品牌口号

——放缓脚步，放飞心情！Slow step，Flying heart！
人生本就是一段旅程，
在人生的旅途上，
并不一定知道目的地是哪里，
看的是沿途的风景，
身未动，
心已远！

二、****的品牌形象描述

① 功能性的假日休闲运动服装。
② 新形态生活概念。
③ 丰富多样化的产品组合。
④ 透过产品和服务创造人们快乐的生活方式。
⑤ 高品质。

三、品牌文化

1. 文化精髓
持续发展的、满足顾客需求的、实现社会价值的企业，不断成长的、创新致胜的。

2. 品牌价值观

使命——为社会创造价值。

宗旨——更好、更快满足主体消费群的需求。

目标——创造最大价值。

核心——员工与企业共同成长。

精神——学习、思索、创新。

策略——创新致胜。

理念——使他人更完美。

3. 品牌的营销理念

我们出售的不仅是服装，更是一种文化，我们的创新、信誉，为您创造最美生活，为您创造最大价值。

4. 品牌的服务理念

您的需求，就是我们的一切！

第五部分 品牌风格及价格体系

一、＊＊＊＊的品牌风格

品牌风格的关键包括：功能、假日休闲运动、时尚个性搭配、全家式度假、环保。

① 以最具有竞争力的价格、在最快的时间内提供给消费者最优质且最丰富的产品。

② 流行元素的灵活运用、面料及细节的功能性和家庭装搭配是每季产品的主要卖点，同时需满足整体、系列化设计，易于配搭等特点。

③ 全方位的环保材料及其工艺为您提供健康的、低碳的生活方式。

二、＊＊＊＊的产品系列及价格定位

① 功能性夹克系列：功能性的细节设计加上功能性面料和时尚的造型设计，适应了更广泛的穿着场合，穿着效果更加出众！整体零售价格在 558～1298 元。

② 棉服系列：在亮丽的面料色彩和图案，以及时尚的款式造型的基础上辅以功能性的面料及细节设计，让您无论是在户外度假还是城市休闲都成为一道独特的风景线！整体零售价格在 458～898 元。

③ 休闲夹克系列：符合潮流的时尚色彩、按照人体结构裁剪的流线型造型，再加上功能性的时尚面料，无论哪方面都能让您成为人群中的焦点！整体售价在 398～698 元。

④ 羽绒服系列：尽管都是羽绒，但我们的总是与众不同！不同的是面料，不同的是细节，不同的是我们自然而然的生活方式！整体零售价格在 598～1298 元。

⑤ 薄款抓绒衣系列：柔软单薄又温暖！整体零售价格在 128～298 元。

⑥ 厚款抓绒衣系列：带给您百分百的温度和百分百的时尚风度！整体零售价格水平

在 298 ~ 488 元。

⑦ 时尚针织运动系列：给您休闲，给您运动，给您时尚，有我在，风采无限！整体零售价格在 188 元 ~ 328 元。

第六部分 品牌推广策略

一、总体推广思路

产品是表达品牌文化及所倡导的生活方式的核心载物，所有的推广策略都要以产品为核心，来宣扬倡导更多人所向往的年轻、活力、时尚、积极、环保的生活方式。

二、具体推广策略

① 产品款式和品质是成败关键。

② 前期还是在产品上充分做文章，来达到推广的目的。如服装上品牌 LOGO、吊牌上以图片及讲故事的方式来表达人们对美好户外生活方式的向往等。

③ 网络渠道是现代推广渠道的重点。利用官网和网语软文的方式。

④ 销售终端的推广策略：终端推广主要通过产品的陈列来传递品牌文化信息，服装的陈列展示包括商店设计、装修、橱窗、陈列、模特、背板、道具、光线、POP 广告、产品宣传册、商标及吊牌等零售终端的所有视觉要素，是一个完整而系统的集合概念；店铺陈列必须重视细节。比如服装与服装的搭配、服装与配饰的搭配、服装与道具的搭配等。

第七部分 品牌营销策略与产品开发的协调

一、营销策略核心

一切以满足客户需求为基点，得通路者得天下！用产品来最大化满足客户需求，并和客户保持密切关系。

收集客户及潜在客户的姓名、地址和资料，保留并分析每位客户/潜在客户的资料：过去的交易、过去的接触场合、过去所买过的产品及其价格、心理描绘（行为、兴趣和意见）、媒体描绘（喜欢的媒体），发现细分市场、消费趋势等。

向最有潜力的潜在客户派送产品，以近期购买情况、购买频率及购买金额为标准，给他们评分。

二、营销渠道策略与产品开发的协调

根据品牌的市场定位和目标人群的消费习惯进行分析，此类人群中大部分消费者热衷品牌，喜欢在比较好的购物环境中来挑选适合自己的产品，其中对于功能性不高的产品，更喜欢在如大型商场、专卖店等场所中购买，对于专业性较强的产品，也选择在专业性较强的户外店中购买。

根据品牌风格和产品组合，产品分成三大系列：

1. 专业性强的穿越系列

此类产品在满足时尚方面需求的基础上将更多卖点放在功能性方面，价格也处于最高端，相对应的销售渠道也是以户外店最合适。

2. 有一定专业性的旅行系列

此类产品在满足一定功能性基础上将更多的卖点放在轻便、舒适、时尚及细节设计方面，价格处于中等层次，相对应的销售渠道以商场或专卖店最合适。

3. 带有部分功能性的郊外休闲系列

此类产品将更多的卖点放在轻便、舒适、时尚休闲及功能性细节设计方面，价格处于中低层次，相对应的销售渠道以商场及专卖店为主，同时可考虑网络渠道。

根据各品类所占比重及以上分析得出结论为：营销渠道的重点应放在商场渠道，同时重点考虑网络渠道（未来的大趋势），并辅以户外店渠道；从产品角度上，可以考虑在产品上印不同的图案或者以不同的吊牌和包装来对不同渠道供应产品作出区分，防止不同渠道产品混乱。

参 考 文 献

[1] 李好定. 服装设计实务 [M]. 北京：中国纺织出版社，2007.

[2] 赵承磊. 户外运动在美国社会中的地位、作用与启示 [J]. 成都体育学院学报，2011，9.

[3] 韩云钢. 中国户外用品产业发展概况 [J]. 环球体育市场，2010，5.

[4] 邵强，李山，龚建芳. 户外运动俱乐部运营模式研究 [J]. 体育文化导刊，2011，8（8）.

[5] 曾跃民，严灏景，胡金莲. 防水透气织物的发展 [J]. 上海纺织科技，2001，2（1）.

[6] 周立群，孟家光. 防水透湿织物的现状与发展 [J]. 纺织科技进展，2010（1）.

[7] 陈丽华. 不同种类防水透湿织物的性能及发展 [J]. 纺织学报，2012，7.

[8] 刘玉磊，孟家光. 吸湿排汗纺织品类型及应用 [J]. 纺织科技进展，2009，5.

[9] 朱寒宇，徐迅. 对功能性运动服发展趋势及应用的思考 [J]. 浙江纺织服装职业技术学院学报，2008，9.

[10] 胡仲云. 鹅绒与鸭绒鉴别方法研究 [J]. 中国家禽，2000，6.

[11] 苑斌. 户外用品市场研究及 BT 品牌营销战略优化研究 [D]. 天津：天津工业大学，2011.

[12] 赵锦. 户外运动服装的功能性设计研究 [J]. 河南工程学院学报（自然科学版），2011，12.

[13] 李久全，高捷. 我国户外运动产业发展现状与对策研究 [J]. 北京体育大学学报，2008，12.